먹는 나물 & 먹는 꽃 도감

우리나라 베스트 산나물 먹기

제갈영 지음

자연의 책
혜성출판사

우리나라 베스트 산나물 먹기
먹는 나물 & 먹는 꽃 도감

2011년 3월 23일 초판인쇄
2011년 3월 28일 초판발행
저자 : 제갈영
발행인 : 김상일
발행처 : 혜성출판사
편집디자인 : 김민수
출력 : 도움의 돌
인쇄 : 엔츠
등록번호 : 제5-597호
주소 : 서울시 동대문구 신설동 114-91호 삼우빌딩 A동 205호
전화 : 02-2233-4468　　FAX : 02-2253-6316

ISBN 978-89-914-2377-0
정가 : 15,000원

www.hyesungbook.com

머리말

채식과 육식이 가능한 우리 인간에게 산나물은 인간이 만끽할 수 있는 자연의 은혜중 가장 큰 은혜입니다. 자연의 보물인 식물을 더 가깝게 접할 수 있을 뿐 아니라 식물을 이용한 식이요법 등의 건강증진에도 도움을 줍니다.

산나물을 섭취할 때마다 느낀 것은 자연의 풍부한 은총이라는 점입니다. 초기에는 감사하는 마음보다는 식물을 더 자세히 알고 싶다는 연구 목적으로 산나물의 식용 여부를 판별하곤 하였는데, 어느 날 불현듯 이 모든 것이 자연의 은총이라는 사실을 깨달았습니다. 게다가 우리나라는 전국토의 대부분이 산으로 이루어진 까닭에 자연의 은총이 그 어느 나라보다 풍부한 나라라고 할 수 있습니다. 부디 이 책이 산나물을 다루고는 있지만, 무단채취보다는, 산나물 애호가들에게 자연의 은총에 대해 더욱 각별한 마음 가지게 하였으면 합니다.

아울러 요즘같은 불황기에도 이 책의 기획안에 선뜻 출간계약을 해주신 혜성출판사 사장님께도 깊은 감사 인사를 전합니다. 또한 저와 비슷한 40대의 동료 여러분들. 아마추어리즘으로 시작했다가 알게 모르게 더더욱 진지한 식물취재의 길로 접어드는 저보다 월등히 뛰어난 40대 동년배 식물사진작가 여러분들의 끊임없는 발전과 도전을 기원하며 이만 머리말을 줄일까 합니다.

식물사진작가 제 갈 영
photocoffeeman@daum.net

이 책을 읽는 법

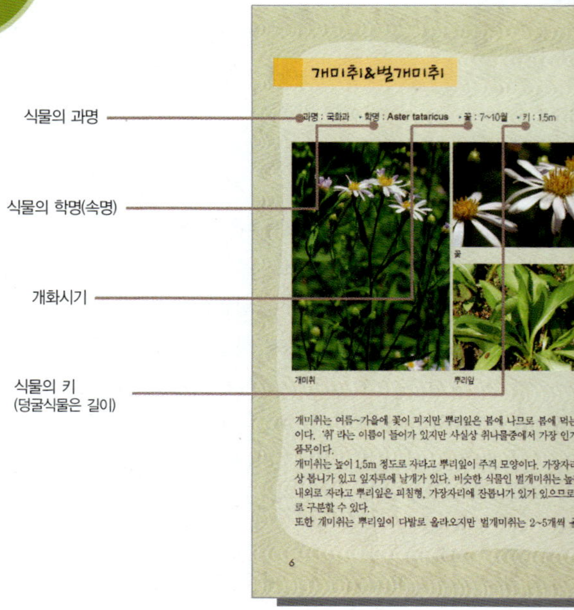

1〉 묵나물이란 제철에 뜯어 이듬해 봄에 먹는 나물을 말한다. 푹 데친 뒤 볕에 잘 말린 후 필요할 때 하 먹는다. 나물에 따라 데치지 않고 말리는 경우도 있다. 쓴맛 같은 식물독성이나 농약같은 잔류독성을 중 화시키는 효과가 있다.

2〉 나물의 꽃과 식용 여부는 필자가 지난 수년간 식용하며 연구한 결과이다. 700여 종의 야생화잎과 나뭇잎, 1천 200종의 꽃을 식용하며 식용 및 독성을 테스트하였고 관련 문헌을 참고하였으나 꽃의 식 용의 경우 관련 문헌이 없어 약간의 오류가 있을 수 있다. 꽃은 3~5송이를 일괄 섭취했을 때 몸에 이 상이 없는 꽃에 한해 식용 가능하다고 표현하였다. 바람꽃과 복수꽃같은 독성식물의 꽃은 꽃잎과 꽃받 침 식용시 문제가 있어 식용 못함으로 판정하였다.

- 식물을 볼 수 있는 장소 · 자생지
- 잎의 특징
- 식용 가능한 부위
- 식용 부위를 수확할 시기
- 추천조리방식. 기본적으로 소금물에 데친 후 조리한다. 조리방식이 여러개일 경우 앞쪽에 있는 조리방식이 추천하는 조리방식이다. 식용부위가 너무 쓰거나 약간의 독성이 있을 경우 **묵나물**로 식용할 것을 권장한다.
- 식용부위가 어떤 맛을 보여주는 지 맛에 대한 평가. 예를 들어 참취나물의 맛은 참기름에 볶을 때 5.0만점에 4.5로 평가되었고 곰취나물의 맛은 4.3으로 평가되었다.
- 식용 부위의 약용효과를 표시하였다. 가급적 잎의 약용성분을 표시하였으나 잎의 약용 기록이 없을 경우 해당 식물의 전초나 뿌리의 약용효과를 대신 표기하였다.
- 꽃의 식용 여부 또는 이용 방식

전국의 산야
장타원형, 도피침형, 치아 모양 톱니가 있거나 적다.
뿌리, 어린 잎
3~6월 수확
무침
시장에서 판매한다.
약성 : 항암, 종기, 소화
꽃 : 식용 가능, 요리 장식용

목차

첫번째. Part 봄나물 봄 먹는 꽃

두번째. Part 여름나물 여름 먹는 꽃

세번째. Part 가을나물 가을 먹는 꽃

네번째. Part 나뭇잎 나무꽃먹기

다섯번째. Part 산나물로 자주 오인하는 독성식물

여섯번째. Part 멸종위기 식물 중 나물로써 부가가치가 있는 식물

잎의 모양

첫번째. Part

봄나물
봄 먹는 꽃

얼레지

• 과명 : 백합과 • 학명 : Erythronium japonicum • 꽃 : 4~5월 • 키 : 25cm

얼레지

4월 꽃

얼레지 잎

얼레지는 봄에 한포기당 2장의 잎이 올라오기 때문에 매우 값비싼 산나물이다. 잎과 꽃잎을 식용할 수 있으나 날것을 다량 섭취하면 설사를 한다. 묵나물로 먹거나 푹 데친 뒤 이틀 정도 우려내면 설사를 방지할 수 있다.
미역이 귀한 강원도 산골에서는 산모가 몸조리할 때 미역국 대용으로 얼레지국을 끓여줬는데 실제 미역국 같은 식감이 있다.

얼레지는 푹 데친 뒤 이틀 정도 충분히 우려낸 다음 된장국에 넣는다. 된장국 속의 얼레지 잎은 미역국과 비슷한 식감을 보여주므로 미역을 구하기 힘든 산

화천 광덕산 얼레지 따는 할머니

수확한 얼레지 잎

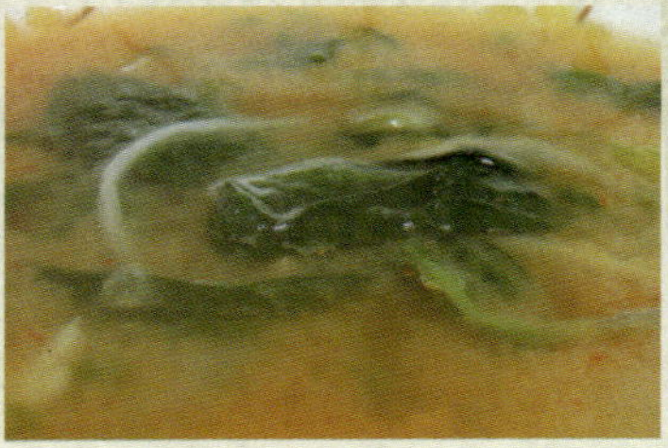

얼레지 된장국

골에서 산모에게 얼레지국을 끓여준 이유를 짐작할 수 있다.
날것으로 먹을 때는 잎과 꽃잎 1~2장 정도만 먹는 것이 좋으며 과다 섭취하면 설사를 유발한다.
잎 한쪽이나 꽃잎 한쪽을 비빔밥에 올려 내오는데 식감이 아삭하고 보기에도 좋다.

- 전국의 높은 산
- 2개 마주나기
- 어린 잎(묵나물)
- 3~4월 수확
- 이틀 우려낸 뒤 된장국
- 매우 부드럽고 쫀득
- 약성 : 알뿌리 약용 가능, 구토, 하리, 위장염
- 꽃 : 꽃잎 식용 가능

잔대

• 과명 : 초롱꽃과 • 학명 : Adenophora triphylla • 꽃 : 7~9월 • 키 : 0.4~1.2m

잔대

층층잔대

잔대 어린잎

우리나라 야생화 중에서 어린 잎을 날것으로 먹을 때 가장 맛이 좋은 산나물이다. 어린 잎은 아삭하고 담백하고 무독성이다. 샐러드로 먹거나 겉절이, 국거리, 무침 등 여러가지 방법으로 먹을 수 있다.

뿌리는 개도라지라고 부르며 도라지처럼 식용할 수 있으나 도라지에 비해 맛이 떨어진다. 오히려 어린 잎을 수확해 먹는 것이 좋고 먹어본 사람은 매년 봄이면 은근히 찾는다. 최근엔 5월마다 농산물 도매시장에서 잔대 잎을 출하하기도 한다. 아는 사람만 먹기 때문에 동네시장까지 들어오는 경우는 거의 없다.
어린잎은 날것으로 먹을 때 매우 부드럽고 야들야들할 뿐 아니라 식감이 아삭

수확한 어린잎

잔대샐러드

잔대된장국

잔대들깨가루 겉절이

하고 순하고 담백하다. 샐러드 감으로는 최고의 산나물이다. 데치지 않고 겉절이로 먹기도 하는데 매우 부드럽고 담백하고 고소한 맛이 나온다. 된장국으로 먹으면 맛이 반감되지만 다른 나물에 비해 담백하고 고소하고 순하다. 꽃이 핀 이후 여름에 성숙한 잎도 섭취할 수 있는데 이때는 푹 데쳐서 나물로 무치지만 식미가 뭉툭한 하급 나물 맛이 난다.

- 전국의 산야
- 줄기잎 3~5개 돌려나기
- 어린 잎, 성숙한 잎
- 4~6월 수확
- 샐러드, 겉절이, 된장국
- 샐러드로 극찬하는 산나물
- 약성 : 자양강장, 해열, 진해, 거담
- 꽃 : 식용가능, 요리 장식용

씀바귀

• 과명 : 국화과 • 학명 : Ixeridium dentatum • 꽃 : 5~7월 • 키 : 30~40cm

씀바귀

노랑선씀바귀

잎

'씀바귀' 는 꽃잎이 5~10개 내외이고 '노랑선씀바귀' 는 꽃잎이 20~30개 내외이므로 이런 점으로 구분할 수 있다.
꽃잎이 흰색이고 5~10개 내외이면 '흰씀바귀', 꽃잎이 흰색이고 꽃잎수가 20~30개이면 '선씀바귀' 라고 말한다.
잎이 둥근 주걱모양이면 '좀씀바귀', 잎이 긴 주걱형이거나 긴 선형이면 '벋음씀바귀', 잎이 날카로운 긴 피침형이면 '벌씀바귀', 바닷가에서 자라는 잎이 둥글고 손가락모양으로 갈라진 것은 '갯씀바귀' 라고 한다.
씀바귀는 공통적으로 고들빼기처럼 잎이나 줄기를 자르면 흰수액이 나온다.

선씀바귀

수확한 어린잎

씀바귀 뿌리

초고추장무침

어린 잎과 뿌리를 날것으로 섭취하면 매우 쓰다. 충분히 데친 뒤 찬물에 30분 이상 우려내고 식용한다.
잎과 뿌리는 각각 나물로 무칠 수 있는데 쌉싸래한 맛이 일품이다. 춘곤증으로 밥맛을 잃은 봄철에 밥맛을 돋구어 주는 밥도둑이다.

- 전국의 산야
- 장타원형, 도피침형, 치아모양 톱니가 있거나 적다.
- 뿌리, 어린 잎
- 3~6월 수확
- 무침
- 시장에서 판매한다.
- 약성 : 항암, 종기, 소화
- 꽃 : 식용 가능, 요리 장식용

둥굴레

• 과명 : 백합과 • 학명 : Polygonatum odoratum • 꽃 : 5~7월 • 키 : 30~60cm

둥굴레

꽃

열매

둥굴레는 이 책이 소개하는 산나물 중 최고의 진미이다. 원래 뿌리를 둥굴레 차의 재료로 사용하지만 사실 어린 잎의 식용이 가능하고 조리법에 따라 매우 고소한 산채나물이 된다.

국내에서는 사찰에서 둥글레 어린 잎을 이용한 음식을 접할 수 있는데 양념을 하지 않았기 때문에 담백한 맛으로 먹는다. 더 맛나게 즐길 생각이라면 둥글레잎을 참기름이나 들기름으로 달달 볶아볼 것을 권장하는데, 혀가 놀랄 정도로 매우 맛있는 식감이 있고 고소한 향미가 나온다.

둥굴레의 어린 잎은 독초인 애기나리와 비슷하므로 산에서 둥굴레 잎을 채취

어린 순

어린잎

수확한 어린잎

참기름볶음

할 때는 애기나리를 잘못 채취하지 않도록 해야 한다.
둥굴레 고추장무침은 어린 잎을 데쳐서 고추장과 갖은 양념으로 무친다. 담백하고 고소해서 아주 맛나다.
둥굴레를 더 맛있게 먹으려면 양념과 함께 참기름에 달달 볶는데 고소한 맛이 일품이다. 최고의 밥도둑이다.

- 전국의 산지
- 어긋나기
- 어린 잎, 뿌리
- 4~5월 수확
- 볶음, 무침, 샐러드
- 이책의 나물중 최고의 맛 단 볶음으로 먹어야 한다.
- 약성 : 빈뇨, 갈증, 과로, 안색, 식후배고픔, 운동장애
- 꽃 : 식용 가능, 요리 장식용

개미취&벌개미취

• 과명 : 국화과 • 학명 : Aster tataricus • 꽃 : 7~10월 • 키 : 1.5m

개미취

꽃

뿌리잎

개미취는 여름~가을에 꽃이 피지만 뿌리 잎은 봄에 나므로 봄에 먹는 산나물이다. '취' 라는 이름이 들어가 있지만 사실상 취나물 중에서 가장 인기가 없는 품목이다.

개미취는 높이 1.5m 정도로 자라고 뿌리 잎이 주걱 모양이다. 가장자리는 파도상 톱니가 있고 잎자루에 날개가 있다. 비슷한 식물인 벌개미취는 높이 60cm 내외로 자라고 뿌리 잎은 피침형, 가장자리에 잔톱니가 있으므로 이 점으로 구분할 수 있다.

또한 개미취는 뿌리 잎이 다발로 올라오지만 벌개미취는 2~5개씩 올라온다.

벌개미취

벌개미취 뿌리잎

개미취 어린잎 들깨무침

둘 다 어린 잎이 별로 쓰지 않으므로 날것으로 먹을 수 있으나 특징지을 만한 맛이 없다. 데쳐서 들깨, 참기름, 소금, 쪽파, 마늘로 무치는데 좀 질기므로 볶음으로 먹을 것을 권장한다.
참고로 벌개미취는 우리나라 특산식물이므로 가급적 채취하지 않는 것이 좋다.

- 전국의 깊은 산
- 어긋나기
- 어린 잎
- 4~6월 수확
- 무침, 볶음
- 취나물 중 최하 맛
- 약성 : 천식, 해수, 풍한
- 꽃 : 식용 가능, 요리 장식용

쑥부쟁이

• 과명 : 국화과 • 학명 : Aster yomena • 꽃 : 7~10월 • 키 : 0.3~1m

쑥부쟁이

줄기 상단잎

줄기 하단잎

쑥부쟁이는 여름~가을에 꽃이 피지만 어린잎을 봄에 볼 수 있기 때문에 봄나물로 취급한다.

쑥부쟁이는 흔히 '구절초', '개미취'와 혼동하는 경우가 많은데 구절초는 잎이 손가락 모양으로 깊게 갈라지고, 쑥부쟁이는 깊게 갈라지지 않으므로 구별할 수 있다. 또한 개미취는 줄기가 복잡하게 갈라지지 않지만, 쑥부쟁이는 줄기가 복잡하게 갈라지므로 구별할 수 있다.

미국쑥부쟁이는 쑥부쟁이처럼 줄기가 복잡하게 갈라지지만, 작은 꽃이 무리지어 달리므로 쉽게 구별할 수 있다.

어린잎

담양쑥부쟁이

쑥부쟁이 어린잎

간장무침

쑥부쟁이의 어린 잎은 쓴맛이 별로 없으므로 데친 뒤 간장으로 무쳐먹는데 맛보다는 봄 기운을 느끼기 위해 먹는다.
어린 잎을 날것으로 먹으면 약간의 쓴맛과 시큼한 맛이 있다.
나물로 무친 것은 다소 시큼하고 쌉싸래한 식감이고 육질이 두툼한 편이다. 봄나물로는 평균적인 맛을 보여준다.

- 남부지방 산지의 습기찬 곳
- 어긋나기
- 어린 순, 어린 잎
- 4~6월 수확
- 무침, 볶음
- 시장에서 판매한다.
- 약성 : 기관지염, 해독, 청열
- 꽃 : 식용가능, 요리 장식용

섬쑥부쟁이(쫑취나물, 부지갱이나물)

• 과명 : 국화과 • 학명 : Aster glehni • 꽃 : 8~9월 • 키 : 1~1.5m

섬쑥부쟁이

꽃

줄기 상단잎

쑥부쟁이보다는 섬쑥부쟁이가 오히려 맛있다. 참취나물과 비교할만한 맛있는 나물이지만 참취에 비해 부드럽기 때문에 조리법도 다양하게 실험할 수 있다. 울릉도에서 자란다 하여 섬쑥부쟁이라고 부르며 울릉도에서는 '부지갱이나물' 이라고 말한다. 요즘은 대규모 재배되어 도시의 시장에서 '쫑취' 라는 이름으로 판매된다. 가격이 저렴할 뿐 아니라 참취나물과 비슷하나 쓴맛이 별로 없기 때문에 가정주부들 사이에서 점점 인기를 얻고 있다.

어린 잎은 참취나물과 달리 갈라지지 않고 넓은 타원형이다.

4월 어린잎

까실쑥부쟁이

섬쑥부쟁이어린잎

간장무침

꽃은 까실쑥부쟁이처럼 무리지어 피는데 까실쑥부쟁이의 잎은 꺼끌꺼끌한 감촉이 있고 섬쑥부쟁이는 꺼끌한 감촉이 조금 있거나 거의 없다.

어린 잎은 조금 쓰지만 단 맛이 있다. 데친 나물 맛은 상큼하고 산뜻하다.

- 울릉도, 일부 지방서 재배
- 넓은 타원형
- 어린 잎
- 4~7월 수확
- 무침, 볶음
- 봄에 시중에서 판매한다.
- 약성 : 쑥부쟁이와 비슷할 것으로 추정된다.
- 꽃 : 식용가능, 요리 장식용

유채(하루나)

• 과명 : 십자화과 • 학명 : Brassica napus • 꽃 : 3~4월 • 키 : 0.8~1.5m

유채

꽃

상단 줄기잎이 줄기를 감싸는 모습

중국원산의 두해살이풀인 유채는 전통시장에서 흔히 '하루나나물' 이라고 불린다. 하루나의 이름은 아무래도 봄나물을 의미하는 '春菜(춘채)' 를 일본어로 발음한 はるな(하루나)에서 온 것으로 보인다.
국내에서는 제주와 남부지방에서 재배하지만 전국에서 키울 수 있다. 성장 속도가 매우 빠르고 최고 1.5m 높이까지 자란다.
유채는 갓하고 비슷하지만 줄기 상단 잎의 잎자루가 줄기를 감싸고 있으므로 이 점으로 구별할 수 있다.
뿌리잎과 줄기잎 중 연한 부위를 식용할 수 있다.

수확한 유채잎

유채잎 간장볶음

유채잎 겉절이

유채잎 무침

잎은 대체로 두툼하고 육질이 있다.
어린 잎은 날것으로 식용할 수 있어 샐러드나 김밥 속재료로 안성맞춤이다. 날것은 무우잎처럼 톡쏘는 감미가 있지만 한층 부드러운 식감이다. 큰 잎은 살짝 데친 후 무쳐먹는 경우가 많지만 겉절이로도 매우 좋다.

- 제주도, 남부지방
- 어긋나기
- 어린 잎
- 꽃 피기 전 수확
- 샐러드, 겉절이, 무침
- 무우잎처럼 톡쏘는 감미
- 약성 : 어혈, 종기, 충혈
- 꽃 : 식용 가능, 요리 장식용

하늘말나리&섬말나리&말나리

• 과명 : 백합과 • 학명 : Lilium tsingtauense • 꽃 : 7~8월 • 키 : 1m

하늘말나리

하늘말나리의 잎

수확한 하늘말나리 잎

나리꽃은 잎이 어긋나는 품종, 마주나는 품종, 돌려나는 품종이 있다.
이 가운데 잎이 돌려나는 나리꽃은 이름에 '말나리' 라는 글자가 붙어 있다. 말나리류는 대개 어린 잎을 식용할 수 있는데 잎의 육질이 매우 두툼하고 부드러우므로 여러 가지 나물요리에 활용할 수 있다.
잎이 돌려나는 나리꽃은 '하늘말나리', '섬말나리', '말나리' 등이 있으며 이 가운데 섬말나리의 어린 잎이 가장 맛있지만 우리나라 특산식물이다.
말나리류의 어린 잎은 대개 약간 달달하고 쓴맛이 거의 없으므로 날것으로 식용 가능하다. 데쳐서 초고추장으로 무치면 조금 고소하고 달달한 맛이 있다.

섬말나리

어린 잎 어묵간장볶음

어린 잎 초고추장무침

생잎을 데치지 않고 그대로 볶아도 역시 조금 고소하고 달달하다.

어느 방식으로 먹건 평균치에 미달한 맛이지만 무독성이고 육질이 순해 여러 요리에 접목시킬 수 있다. 어묵같은 볶음요리에 섞어서 볶는 것이 가장 먹을만하다.

- 전국의 산지
- 돌려나기
- 어린 잎
- 5~6월 수확
- 샐러드, 볶음, 무침
- 두툼한 육질
- 약성: 알뿌리 약용 가능
- 꽃 : 식용 가능, 요리 장식용

고들빼기

• 과명 : 국화과 • 학명 : Crepidiastrum sonchifolium • 꽃 : 7~9월 • 키 : 10~80cm

고들빼기

잎이 줄기를 완전히 감싼 모습

하단 잎

고들빼기는 비슷한 식물로 '이고들빼기' 가 있다.
고들빼기는 잎자루 밑이 줄기를 완전히 감싸는 특징이 있다. 이 고들빼기는 하단 잎이 줄기를 감싸거나 절반만 감싸고, 상단 잎은 줄기를 감싸지 않는다. 즉, 고들빼기는 전체 잎이 줄기를 완전히 감싸고, 이고들빼기는 하단 잎만 줄기를 감싸므로 이 점으로 구별할 수 있다.
도시의 도로변, 풀밭, 동네 뒷산에서 간혹 고들빼기를 볼 수 있는데 대부분 이고들빼기이다. 고들빼기는 농촌으로 나가야 볼 수 있다.
고들빼기는 재래시장에서도 흔히 살 수 있는데 산나물치고는 맛이 매우 쓰다.

고들빼기 뿌리잎

수확한 고들빼기

고들빼기김치

고들빼기된장무침

따라서 데친 뒤 30분 정도 우려내는 것이 좋으며 쓴맛을 중화시키기 위해 된장 양념 따위로 무치는 것이 좋다.

오히려 고들빼기김치를 담근 뒤 푹 삭혀 먹는 것이 쓴맛을 줄일 수 있고 맛을 훨씬 향상시킬 수 있다.

- 전국의 산지
- 잎이 줄기를 크게 감싼다.
- 어린 잎, 뿌리
- 2~4월 수확
- 된장무침, 볶음, 김치
- 푹 삭인 김치가 맛있다.
- 약성 : 두통, 치통, 장염, 이질, 충수염, 해독, 화농성염증
- 꽃 : 식용 가능, 털 질감 많음

왕고들빼기

• 과명 : 국화과 • 학명 : Lactuca indica • 꽃 : 7~9월 • 키 : 1~2m

왕고들빼기

꽃

줄기 하단잎

고들빼기 종류는 어린 잎을 보고 구별할 줄 알아야 한다. 왕고들빼기는 어린 잎 가장자리에 큰 톱니가 있기 때문에 아마 산나물 중에서 가장 쉽게 알아볼 수 있을 것이다. 어린 잎은 쌉싸래한 맛이 일품이므로 맛있는 쌈재료 중 하나라고 할 수 있다.

어린 잎은 무침, 볶음, 쌈, 된장국으로 먹을 수 있는데 쌈으로 먹는 것이 가장 좋다. 봄, 여름철에 잃어버린 입맛을 돌게 만들 뿐 아니라 쌉사름한 식감이 일품이다.

왕고들빼기 뿌리잎

수확한 뿌리잎

왕고들빼기 쌈

왕고들빼기 된장국

데치면 시금치보다 부드러운 식감을 주기 때문에 된장국으로도 안성맞춤. 하지만 된장국에 약간의 쓴맛이 남아있으므로 약초국을 먹는 듯한 느낌을 준다.

- 전국의 산지
- 결각상 큰 톱니
- 어린 잎, 뿌리잎
- 5~8월 채취
- 쌈, 무침, 볶음, 된장국
- 쌈으로 먹을 때 특히 좋음
- 약성: 해열, 종기, 편도선염, 자궁염, 유선염, 양혈
- 꽃 : 식용 가능, 요리 장식용

곰취

• 과명 : 국화과 • 학명 : Ligularia fischeri • 꽃 : 7~9월 • 키 : 1~2m

곰취

꽃

여름잎

곰취의 어린 잎은 곤달비, 동의나물과 비슷하므로 산에서 곰취를 채취하려면 잘 구별해야 한다. 곤달비는 더 맛있는 식물이므로 상관없지만 동의나물은 독성식물이므로 가급적 식용을 피해야 한다.
잎 가장자리의 톱니가 규칙적이면 곰취, 불규칙적이면 곤달비라고 할 수 있는데 둘 다 톱니 끝이 뾰족하다. 동의나물은 톱니 끝이 둥글거나 뾰족한 것이 섞여 있고, 잎의 앞뒷면에 강한 윤채가 있으므로 구별할 수 있다.

곰취 어린 잎은 날것으로 먹을 수 있으나 매우 쓰다. 따라서 데친 뒤 3회 정도

잎 뒷면

곰취 어린 잎

수확한 어린 잎

곰취 들기름볶음

찬물에 꾹 짜고 조리하는데 무침보다는 참기름, 들기름에 볶는 것이 맛나다. 약간 태울 듯 달달 볶으면 매우 향미가 좋을 뿐 아니라 부드러운 고기 씹는 맛이 가미된다.

식으면 식감이 딱딱해지므로 매끼마다 적량씩 조리하는 것이 좋다.

- 깊은산 고산지대
- 심장형, 규칙적인 톱니
- 어린 잎
- 4~7월 채취
- 볶음, 무침, 쌈, 장아찌
- 참기름볶음 매우 맛있다.
- 약성 : 노화방지, 변비, 항암, 타박상, 백일해, 해수
- 꽃 : 요리 장식용

곤달비

• 과명 : 국화과 • 학명 : Ligularia stenocephala • 꽃 : 8~9월 • 키 : 1m

곤달비

뿌리잎

어린 잎

곤달비는 잎 가장자리의 톱니가 조금 불규칙하고, 잎의 끝부분이 갑자기 뾰족해지고, 잎뒷면이 녹색이고 약간의 윤채가 있다.
곰취잎은 잎가장자리의 톱니가 비교적 규칙적이고, 잎의 끝부분이 완만하거나 완만하게 뾰족해지고, 잎뒷면이 회록색이고 윤채가 거의 없다. 곰취는 혀꽃(꽃잎)이 보통 7개씩 붙어 있고 곤달비는 혀꽃(꽃잎)이 1~5개씩 붙어 있다. 쌈으로 먹기에는 곰취보다 곤달비가 훨씬 좋다.

곤달비는 곰취와 비슷하지만 볶음보다는 쌈으로 먹는 것이 최고이다.

곤달비 어린 잎

수확한 어린 잎

곤달비쌈

쓴맛이 별로 없는 반면, 고기를 씹는 듯한 쫀득한 식감, 고소한 맛, 쌉사래한 맛, 특유의 곤달비 향이 어우러져 진미 중의 진미라는 생각이 든다.

데치면 억세서 나물로 좋지 않으므로 데친 다음엔 볶음으로 먹는 것이 더 좋을 것 같다는 생각이 든다.

- 높고 깊은산
- 심장형, 불규칙한 톱니
- 어린 잎
- 4~7월 채취
- 쌈, 볶음
- 진미중의 진미
- 약성 : 노화방지, 변비, 항암, 타박상, 백일해, 해수
- 꽃 : 요리 장식용

원추리

• 과명 : 백합과 • 학명 : Hemerocallis fulva • 꽃 : 6~8월 • 키 : 1m

원추리

3월중순 어린 잎

노랑원추리

원추리는 예로부터 약간의 환각 및 마비성분이 있는 식물로 알려져 있다. 이는 원추리의 콜히친(Colchicine) 성분 때문인데 성숙한 잎에 많이 함유되어 있고 어린 잎은 과다 식용하지 않는 한 안정적이다.

어린 잎을 날것으로 먹을 때 아삭한 식감이 있다. 데쳐 식용하면 부드럽고 쫄깃한 식감이 있다. 한끼에 과다 섭취하면 체질에 따라 두통이 발생할 수 있으므로 조금씩 소량만 섭취하는 것이 좋다.
수확한 어린 잎은 푹 데쳐서 30분 동안 물에 담그고 찬물에 3회 정도 꾹 짜서

큰원추리 3월초 새순

큰원추리 3월중순 어린 잎

수확한 어린 잎

초고추장무침

잔여 독성을 제거한다.
구미에 맞게 초고추장으로 무치면 부드럽고 쫄깃한 식감을 느낄 수 있다.

註) 잎 길이가 꽃대 절반 정도이면 원추리, 잎 길이가 꽃대만큼 길면 큰원추리이다.

- 전국의 산지
- 긴 줄 모양
- 어린 순, 어린 잎
- 3~4월 수확
- 무침, 볶음,
- 오묘한 맛이 난다.
- 약성 : 황달, 대하, 이수, 탁하고 아픈 오줌
- 꽃 : 마른 꽃을 술로 담근다.

광대수염

• 과명 : 꿀풀과 • 학명 : Lamium album • 꽃 : 5월 • 키 : 30~60cm

광대수염

꽃

여름잎

꿀풀과 식물들은 대개 잎과 꽃을 식용할 수 있을 뿐 아니라 약용 성분이 매우 뛰어나다. 그러나 민트(박하) 계열의 식물이 많고, 민트 계열 식물은 매우 쓰거나 독특한 향기가 있다.

광대수염과 유사한 식물인 '송장풀'은 꽃 아래입술에 연한 홍색무늬가 있으므로 구별할 수 있다. '속단' 또한 꽃 아래입술에 홍색무늬가 있지만 잎 모양이 광대수염이나 송장풀과 다르게 타원형이므로 이점으로 구별할 수 있다.
광대수염 어린 잎은 한번 데치면 쓴맛이 거의 사라지므로 조리의 폭이 넓다.

어린잎

수확한 어린 잎

광대수염 들깨무침

조리법은 들깨무침, 고추장무침 등을 권장하는데 평균적인 맛을 자랑하므로 가끔가다 찾아 먹을만하다.

꽃의 식용이 가능하지만 특별한 맛이 없으므로 요리 장식용으로 사용한다.

- 산야의 그늘진 곳
- 난형이고 끝이 뾰족
- 어린 잎
- 4~6월 수확
- 무침
- 평균적인 맛
- 약성 : 결핵, 대하, 월경불순 타박상, 소아기력보충
- 꽃 : 요리 장식용

긴병꽃풀

• 과명 : 꿀풀과 • 학명 : Glechoma grandis • 꽃 : 4~5월 • 키 : 5~25cm

긴병꽃풀

잎

꽃

도시의 풀밭에서도 활엽수 밑 그늘진 곳에서 흔히 볼 수 있다. 잎이 생김새가 동전처럼 타원형이기 때문에 쉽게 알아볼 수 있다.
땅에 붙어 자라는 식물이므로 어린 잎이나 꽃을 식용할 경우 세척을 잘하는 것이 좋다. 꽃은 꿀샘이 있으나 아주 달지 않고, 전체적으로 매우 진한 박하향이 난다.

어린잎은 쓴맛이 강하므로 데친 뒤 한, 두번 찬물로 꾹 짠다.
씁쓸한 맛을 감추기 위해 고추장이나 된장으로 버무리는 것이 좋은데 그래도

담석증에 효능이 있는 긴병 꽃풀의 뿌리

차

수확한 잎과 꽃

긴병꽃풀 고추장무침

씁쓸한 식감과 박하 맛이 많이 잔류하고 있다.
날 꽃과 날 잎을 차로 우리면 아주 진한 박하 향이 난다.

나물로는 기대치에 못미치기 때문에 차로 이용하는 것이 더 좋다.

- 전국의 산야, 풀밭
- 신장상 원형
- 어린 잎
- 3~4월 수확
- 무침, 차
- 차로 마시는 것이 좋다.
- 약성 : 담석증, 황달
- 꽃 : 식용 가능, 차

꼭두서니

• 과명 : 꼭두서니과 • 학명 : Rubia akane • 꽃 : 7~8월 • 길이 : 1~2m

꼭두서니

꽃

잎

전국의 숲가는 물론 대도시의 축축한 숲가나 풀밭에서도 흔히 볼 수 있다. 원래 꼭두서니 천연염색을 할 때 사용하는 염료식물로 유명하지만 어린 잎은 사람이 식용할 수 있다.

꼭두서니색이란 빨간색과 주황색이 섞여있는 색의 하나이다.

꽃이 피기 전 어린 잎을 식용하데 날것으로 먹으면 약간의 쓴맛이 잔류한다.

데쳐서 2~3회 짜낸 뒤 여러 가지 무침으로 먹는다.

쌉싸래하고 약간 떱떨할 뿐 아니라 풀냄새가 지독하게 남아있고 무르고 죽같은 식감이 많다.

갈퀴꼭두서니

수확한 어린 잎

꼭두서니 어린 잎

꼭두서니 된장무침

어떤 방식으로 조리하건 맛이 없으므로 굳이 식용을 권장하지 않는다.
핵전쟁과 함께 대기근기가 도래했을 때, 산천초목이 모두 불타 더 이상 캐먹을 것이 없을 때, 생명연장을 위해 최후수단으로 먹어봐야한 나물이라고 할 수 있다. 이 책이 소개하는 산나물 중 최하의 맛이다.

- 전국의 숲가, 축축한 풀밭
- 돌려나기, 마주나기
- 어린 잎
- 5~7월 수확
- 무침
- 이 책의 나물 중 최하의 맛
- 약성 : 지혈, 자궁출혈, 타박상
- 꽃 : 요리 장식용

갈퀴덩굴

• 과명 : 꼭두서니과 • 학명 : Galium spurium • 꽃 : 5~6월 • 키 : 30~90cm

갈퀴덩굴

꽃

열매

꼭두서니과 식물은 식용이 가능하지만 맛은 썩 좋지 않은 경우가 많다. 그나마 갈퀴덩굴이 먹을만한데 그렇다고 뛰어나게 맛있거나 기억에 남는 맛은 아니다.

도시의 풀밭이나 비탈진 풀밭을 보면 키가 10~30cm 정도로 자란 갈퀴덩굴을 흔하게 볼 수 있으므로 줄기를 잘라 수확한다.

비슷한 식물로는 잎이 2~3배 넓고 4~6개씩 돌려나는 '큰잎갈퀴', 잎이 4개씩 돌려나는 '좀네잎갈퀴', 잎이 4개씩 돌려나는 '산갈퀴' 가 있다.

갈퀴덩굴은 잎과 줄기를 같이 먹는데 줄기가 약간 억세다.

갈퀴덩굴의 꽃과 잎

수확한 잎과 줄기

간장무침

줄기와 잎을 데쳐서 2회 정도 찬물로 헹궈내고 짜낸다.
간장, 참기름, 참깨, 마늘, 쪽파, 설탕, 소금으로 버무린다.
맛은 조금 시큼하고 줄기는 아삭하게 씹히는 식감이 있다. 생즙으로도 먹을 수 있는 식물이므로 약초라고 생각하고 먹는다.

- 밭의 축축한 곳
- 6~8개의 잎이 돌려나기
- 잎과 줄기
- 4~5월 수확
- 무침, 생즙
- 평균보다 약간 못한 맛
- 약성 : 감기, 타박상, 중이염, 유방암, 고혈압
- 꽃 : 식용하기엔 너무 작다.

꿀풀(하고초)

• 과명 : 꿀풀과 • 학명 : Prunella vulgaris • 꽃 : 5~7월 • 키 : 20~30cm

꿀풀

꽃

잎

꿀풀은 잎과 꽃 둘 다 식용할 수 있다. 시력에 좋은 안토시아닌 색소는 빨간색, 보라색, 홍자색, 흑자색 꽃잎이나 열매에 많이 들어있는데 짙은 색일수록 안토시아닌 색소의 함량이 높고 시력에 큰 도움을 준다.

꿀풀의 경우 보라색 계통의 꽃이 피므로 안토시아닌 색소가 빨간색 꽃에 비해 많다는 뜻이다. 흑자색에 가까운 꽃잎이나 열매일수록 안토시아닌 색소가 기하급수로 높아지고 눈의 망막에 큰 도움을 준다.
꿀풀의 꽃은 꿀샘이 풍부해 맛이 비교적 좋은 편이다.

흰꿀풀

어린 잎

꿀풀 간장무침

TV같은 영상물에 많이 노출된 현대인들은 40대가 넘으면 노안이 서서히 시작된다. 눈이 침침하거나 노안 증상이 있는 분들은 꿀풀의 꽃을 자주 먹어볼 것을 권장한다.
어린잎은 한번 데친 뒤 무침이나 볶음으로 먹는다. 꽃이 질 무렵에는 전초를 채취해 약용할 수 있다.

- 전국, 양지바른 풀밭
- 마주나기
- 어린 잎
- 4~5월 수확
- 무침, 볶음
- 평범한 맛
- 약성 : 살균, 유선염, 유방암, 폐결핵, 결핵성경부림프선염
- 꽃 : 식용 적극 권장

긴산꼬리풀 & 꼬리풀

• 과명 : 현삼과 • 학명 : Veronica longifolia • 꽃 : 7~9월 • 키 : 1m

긴산꼬리풀

꽃

줄기의 어린 잎

꼬리풀은 꽃의 모양이 꼬리모양이라고 해서 이름 붙었다. '꼬리풀', '긴산꼬리풀', '산꼬리풀', '넓은 잎꼬리풀', '넓은 산꼬리풀' 등의 식물들은 대부분 어린잎을 식용할 수 있다.

종류에 따라 늦봄이나 여름, 초가을에 꽃을 볼 수 있고, 4월에 싹이 나는 꼬리풀과 5~6월에 싹이 나는 꼬리풀이 있다.
같은 품종이라고 해도 중부지방과 남부지방 등 위도에 따라 싹이 나는 시기가 현격하게 달라진다.

큰산꼬리풀 잎

긴산꼬리풀 어린 잎

수확한 어린 잎 무침

긴산꼬리풀 된장무침

긴산꼬리풀의 어린 잎은 미나리와 비슷한 아삭한 식감을 보여주지만 미나리향이 나지는 않는다.

조리법에 따라 맛이 달라지는데 된장무침이 그럭저럭 먹을만하다.

- 전국의 산지
- 마주나기, 3~4개 돌려나기
- 어린 잎
- 4~7월 수확
- 된장무침
- 평균적인 나물 맛
- 약성 : 만성기관지염, 기침
- 꽃 : 요리 장식용

냉이

• 과명 : 십자화과 • 학명 : Capsella bursapastoris • 꽃 : 5~6월 • 키 : 10~50cm

냉이

꽃

열매

냉이는 남부지방에서 2월이면 어린 잎이 올라오고 2월에 꽃이 피기도 한다. 냉이와 비슷한 생김새의 어린 잎을 가진 식물로는 '속속이풀', '민들레', '뽀리뱅이', '개갓냉이', '나도냉이', '좁쌀냉이' 등 10여 가지가 있고 유채 어린 잎도 때때로 냉이처럼 보이므로 구별이 용이치 않다.

여름에 열매 모양이 삼각형이면 90% 냉이라고 할 수 있으므로 냉이 채취에 자신없는 분들은 여름에 열매가 삼각형인지 확인한 뒤 다음해 봄에 그 자리에서 어린 잎을 수확해야 한다.

냉이를 식용하려면 꽃이 피기 전 수확해야 하며, 꽃이 핀 다음에는 억세서 아

좁쌀냉이

냉이 뿌리잎

수확한 뿌리잎

냉이 된장무침

니먹는 만 못하다. 도시화가 지속되면서 많이 사라졌다고 하지만 대도시의 왕릉과 수목원 풀밭에서 냉이를 흔히 볼 수 있다.

십자화과 식물들은 대개 식용할 수 있으므로 '좁쌀냉이', '다닥냉이' 등 냉이라는 이름이 들어간 식물들은 모두 식용할 수 있으나 냉이에 비해 맛이 떨어진다.

- 전국의 산지
- 뭉뚝한 치아모양 톱니
- 뿌리와 어린 잎
- 2~4월 수확
- 무침, 볶음, 국
- 고소, 상큼
- 약성 : 해열, 충혈, 이수, 이질, 임병, 월경과다, 토혈
- 꽃 : 요리 장식용

단풍취(장이나물)

• 과명 : 국화과 • 학명 : Ainsliaea acerifolia • 꽃 : 7~9월 • 키 : 30~80cm

단풍취

꽃

잎

단풍취는 지방에서 '장이나물' 이나 '괴발딱지' 라고 불리는 식물이며 수준급의 맛을 자랑하는 고급 산나물이다.
나물로써 재배가 권장되고 상업성도 있는 식물이지만 조금 크게 자라면 억센맛이 나므로 솜털이 뽀송뽀송할 때의 어린잎을 바로 채취한 뒤 식용해야 한다. 어린 잎은 유독식물인 삿갓나물과 비슷하므로 삿갓나물을 단풍취로 오인하고 채취하지 않도록 한다. 삿갓나물에 대해서는 이 책의 독성식물 편을 참고한다.

단풍취 어린잎은 약간 쓴맛이 나므로 데친 뒤 2~3번 찬물로 짜내고 나물로 무친다.

성숙한 잎

어린 잎

수확한 어린 잎

단풍취 들깨가루간장무침

들깨가루, 참기름, 쪽파, 마늘, 소금, 간장으로 버무려도 고급스러운 맛을 보여준다.
전체적으로 부드러운 솜털을 씹는 듯한 식감이 있고 은근히 질긴 식감도 있다. 또한 쌉싸래한 식감이 있는데 취나물에 비해 전체적으로 매우 부드럽고 고급스러운 식감이다.

- 전국의 산지
- 잎 4~7개가 윤생하듯 달림
- 어린 잎
- 4~5월 수확
- 무침, 볶음
- 고급나물의 하나
- 약성 : 각종 염증, 비타민 C
- 꽃 : 식용 가치 없음

당개지치

• 과명 : 지치과 • 학명 : Brachybotrys paridiformis • 꽃 : 5~6월 • 키 : 40cm

당개지치

꽃

성숙한 잎

이른 봄의 어린 잎이 삿갓나물이란 독초와 헷갈리는 식물이다. 어린 잎을 자세히 보면 당개지치는 4~6개의 잎이 돌려나는 것 같지만 어긋나고, 삿갓나물은 8개 정도의 잎이 돌려나므로 이런 점으로 구별할 수 있다.

아주 부드러운 식감의 고급나물이므로 삿갓나물과 구별할 줄 만 안다면 이른 봄 맛있게 먹을 수 있는 산나물이라 할 수 있다.

어린 잎

다른 어린 잎

수확한 어린 잎

들깨무침

당개지치의 어린 잎은 연하고 부드럽다. 쓴맛이 거의 나지 않으므로 물에 데친 뒤 들깨무침이나 간장무침으로 먹는다.

들깨무침은 들깨, 소금, 설탕, 쪽파, 마늘, 참기름으로 무치는데 상당히 부드럽고 맛있다.

- 중부 이북의 숲가
- 어긋나기
- 어린 잎
- 4~5월 수확
- 무침, 볶음
- 맛있는 고급 나물
- 약성 : 변비, 기침, 천식
- 꽃 : 요리 장식용

달맞이꽃

• 과명 : 바늘꽃과 • 학명 : Oenothera biennis • 꽃 : 7월 • 키 : 50~90cm

달맞이꽃

꽃

줄기잎

남미 원산의 외래종 식물이지만 농촌의 들판, 물가, 바닷가, 길가에서 흔히 볼 수 있다. 낮에는 꽃잎을 닫고 오후에 꽃이 활짝 피기 때문에 달맞이꽃이라고 불린다.

4월경 어린잎이 방석처럼 돋아난다. 이 어린잎을 수확해 식용하지만 꽃이 핀 상태에서도 줄기의 어린잎을 수확해 나물로 무칠 수 있다.
데친 어린잎은 쓴맛이 별로 나지 않는다.

원예종 달맞이꽃

줄기의 어린 잎

수확한 줄기 어린 잎

고추장무침

약간 두툼한 육질이 있고 독성 성분도 없다. 식감이 두툼하기 때문에 고추장 무침 등으로 먹는 것이 좋다는 생각이 된다.

보통의 나물보다는 조금 덜한 맛을 보여 주지만 비빔밥용 나물로도 사용할 수 있음직한 나물이다.

- 전국의 풀밭, 바닷가
- 어긋나기
- 어린 잎
- 4~6월 수확
- 무침, 볶음
- 평균치 이하맛
- 약성 : 각종 염증, 통증, 감기
- 꽃 : 식용 가능, 요리 장식용

독활(땅두릅)

• 과명 : 두릅나무과 • 학명 : Aralia cordata • 꽃 : 7~8월 • 키 : 2m

독활

열매

성숙한 잎

독활은 '땅두릅' 이라고도 말한다. 두릅은 두릅나무 줄기에서 어린 순을 수확하지만, 독활은 땅에서 올라오는 어린 순을 수확해 식용하므로 땅두릅이라고 불린다.

두릅과 땅두릅은 우열을 가리기 힘들 정도로 둘다 맛이 좋고 향긋하다. 시장에서는 두릅이 30% 정도 비싸게 판매되므로 아무래도 땅두릅보다는 두릅이 더 맛있다고도 알려져 있다.

요즘은 독활 재배농가가 많지만 자연산 독활은 보통 4월 중순에 새순이 올라온다. 이 새순을 싹뚝 잘라낸 것이 땅두릅이다.

어린 순

어린 잎

줄기 새순

어린 순 데침

땅두릅은 잔털이 많지만 데치면 부드러워진다. 맛이 두릅과 비슷하고 향기가 좋다.
일반적으로 데쳐서 초고추장 등에 찍어 먹거나 장아찌로 먹는다.

독활 역시 줄기의 새순을 식용할 수 있지만 맛이 많이 떨어지는 편이다.

- 전국의 산야, 울릉도
- 기수2회우상복엽
- 어린 순
- 4월 수확
- 쌈, 장아찌, 약주
- 고급 산나물
- 약성 : 발한, 통증, 이뇨, 소종, 두통, 신경통, 염좌
- 꽃 : 식용 가능, 요리 장식용

도라지

• 과명 : 초롱꽃과 • 학명 : Platycodon grandiflorum • 꽃 : 7~8월 • 키 : 1m

도라지

백도라지

잎

꽃은 여름에 피지만 어린잎은 4월부터 볼 수 있으므로 봄나물로 취급한다. 꽃이 핀 이후의 줄기잎 중 어린 잎도 식용할 수 있으나 가급적 꽃이 피기 전인 4~6월 사이에 어린 잎을 채취한다.

어린 잎과 어린 줄기도 연하고 쓰지 않으므로 별다른 양념없이 간장으로도 무칠 수 있다.
일단 어린잎을 수확한 뒤 한번 데쳐서 간장으로 무친다.
부드러운 동시에 약간의 도라지 향이 난다.

어린 잎

도라지나물

수확한 어린 잎

어린 잎 간장무침

오히려 뿌리보다는 어린잎이 맛이 좋은 편이다.

7~8월에 피는 꽃 역시 식용이 가능하지만 개미들이 좋아하므로 깨끗이 세척한 뒤 식용한다. 꽃잎에도 사포닌 성분이 있어 도라지뿌리와 비슷한 쌉싸래한 맛이 난다.

- 전국의 산지
- 잎 3개가 돌려나기
- 어린 잎, 뿌리
- 4~6월 수확
- 무침, 볶음
- 도라지뿌리와 비슷한 맛
- 약성 : 거담, 이질, 복통, 염증
- 꽃 : 식용가능, 요리 장식용

딱지꽃

• 과명 : 장미과 • 학명 : Potentilla chinensis • 꽃 : 6~7월 • 키 : 30~60cm

딱지꽃

꽃

성숙한 잎

양지꽃이나 뱀딸기와 비슷한 모양의 꽃이 피지만 잎을 보면 단번에 알 수 있는 야생화이다.
딱지꽃의 어린 잎은 어떻게 조리하느냐에 따라 다르겠지만 참기름에 볶을 때 고기 씹는 맛이 나는 비교적 고소하게 먹을 수 있는 산나물이다.

성숙한 잎은 매우 질기므로 가급적 어린잎이나 어린순을 채취한다. 이 어린잎도 날것으로 먹으면 매우 질기고 약간의 쓴맛이 나고, 어린 순은 쓴맛이 별로 없다. 물에 데쳐 쓴맛을 제거한 뒤 들깨를 넣고 참기름이나 들기름으로 달달 볶으면

어린 잎

3월 중순 어린 순

수확한 어린 잎

들깨참기름볶음

서 소금, 설탕, 쪽파, 마늘로 맛을 조절한다.

튀김 비슷하게 볶으면 고소한 과자맛이 나기도 하고 식감이 질기기 때문에 고기 씹는 맛이 있다.
아주 뛰어난 맛은 아니지만 나름대로 고소하므로 가끔 해먹을만 하다.

- 전국의 물가, 들판
- 우상복엽
- 어린 순, 어린 잎
- 3~7월 수확
- 볶음, 무침
- 나름대로 고소한 맛
- 약성 : 사지마비, 피부병, 해독
- 꽃 : 식용가능, 요리 장식용

더덕&소경불알

• 과명 : 초롱꽃과 • 학명 : Codonopsis lanceolata • 꽃 : 8~9월 • 길이 : 2m

더덕

더덕 꽃

소경불알 꽃

더덕의 꽃은 8~9월에 개화하지만 어린 잎은 4~7월에 채취할 수 있으므로 봄, 여름나물로 본다. 더덕은 뿌리가 나물로써 가치가 높기 때문에 어린 잎을 채취하지 않지만 심심풀이로 가끔 나물로 무쳐볼만 하다.

더덕은 어린 잎이 다소 두툼하고 작은잎이 4개씩 마주나며 달린다. 비슷한 식물인 '소경불알'과 혼돈되는 경우가 있지만 둘다 어린 잎을 식용할 수 있으므로 채취하는데는 무리가 없다. 굳이 구분하자면 더덕은 꽃 안쪽의 자갈색 반점 영역이 뒤로 말린 자주색 꽃잎과 거의 이어져있다.

소경불알은 자갈색 반점과 뒤로 말린 자주색 꽃잎 사이에 흰색 부분이 넓은

더덕의 성숙한 잎

어린 잎

더덕뿌리 구이

더덕뿌리 생무침

띠 형태로 포진되어 있다. 더덕 꽃은 소경불알에 비해 1.5배 정도 크다. 더덕 씨앗은 한쪽에 날개가 있고, 소경불알 씨앗은 날개가 없다. 또한 더덕은 뿌리가 길고 소경불알은 뿌리가 둥글게 자라므로 이런 점으로 구분할 수 있다. 잎은 한 번 데친 뒤 간장무침으로 먹을 수 있는데 약간 쌉싸래한 것이 먹을만 하다.

- 전국의 산지
- 어긋나기, 마주나기
- 뿌리, 어린 잎
- 4~7월 수확
- 무침, 뿌리구이, 더덕주
- 싱싱하다.
- 약성 : 자양강장, 해독, 폐농양, 유선염, 편도선염
- 꽃 : 식용가능, 요리 장식용

만삼

• 과명 : 초롱꽃과 • 학명 : Codonopsis pilosula • 꽃 : 7~8월 • 길이 : 1~2m

만삼

꽃

꽃 안쪽

만삼은 더덕이나 소경불알과 혼동되는 경우가 많지만 사실 잎만 봐도 확연히 구분할 수 있다. 만삼 잎은 더덕이나 소경불알 잎처럼 4개씩 달려있으나 잔털이 많아 약간 푹신푹신한 질감이 느껴진다.

더덕이나 소경불알 잎은 비교적 맨들맨들하고 약간의 광택이 있으므로 쉽게 구별할 수 있다.
또한 만삼은 꽃 안쪽에 반점이 없고 뒤로 말린 꽃잎도 자주색이 아니므로 더덕과 확연히 구분할 수 있다.

만삼의 성숙한 잎

어린 잎

수확한 어린 잎

만삼잎 간장무침

만삼 역시 어린 잎이나 뿌리를 식용하거나 약용할 수 있다.
어린 잎은 약간 쓰고 쌉싸래한 동시에 싱싱한 맛이 난다. 간장으로 무쳐도 그럭저럭 먹을만 하다.

참고로 만삼은 멸종위기식물이므로 가급적 채취하지 않는 것이 좋다.

- 강원도, 무주, 산청 일부
- 어긋나기, 마주나기
- 뿌리, 어린 잎
- 4~6월 수확
- 무침, 볶음
- 싱싱하다.
- 약성 : 더덕과 비슷할 것으로 추정된다.
- 꽃 : 식용가능, 요리 장식용

마 & 참마

• 과명 : 마과 • 학명 : Dioscorea japonica • 꽃 : 6~7월 • 길이 : 2~3m

마

꽃

잎

마 덩굴은 6~7월에 암수딴그루의 꽃이 핀다. 전국의 산이나 숲속에서도 볼 수 있지만 약용으로 널리 재배하기도 한다.
마 잎은 날것으로 먹으면 매우 쓰므로 가급적 어린 잎을 채취한다.

어린 잎을 2~3회 우려낸 뒤 고추장 등으로 무친다. 쌉사름한 맛이 있고 약간 두툼한 육식감과 아삭한 식감이 느껴진다.

마의 줄기는 데쳐도 딱딱한 식감이 있으므로 가급적 잎이나 어린 싹을 데쳐먹

주아

뿌리

수확한 어린잎

마잎 고추장무침

는 것이 좋다. 쓴맛을 완전히 없애려면 여러번 데친다.
맛은 그다지 없지만 마 뿌리를 먹는다는 기분으로 먹을 수가 있다.
뿌리가 자양강장에 특효가 있으므로 잎에도 그러한 성분이 있을 것으로 추정된다.

- 전국의 산지, 밭
- 어긋나기, 마주나기
- 뿌리, 어린 잎
- 5~6월 수확
- 볶음, 무침
- 평균 이하맛
- 약성 : 자양강장, 습진, 빈뇨, 식욕부진, 해수, 소갈
- 꽃 : 식용 가능하나 너무 작다.

봄망초&개망초

• 과명 : 국화과 • 학명 : Erigeron philadelphicus • 꽃 : 5~9월 • 키 : 80cm

봄망초

개망초 군락

꽃

개망초는 봄~가을 사이에 볼 수 있는데 봄에 피는 개망초는 특별히 봄망초라고 부른다. 봄망초는 줄기속이 조금 비어있는 것이 가을에 피는 개망초와 다른 점이다. 어린잎은 이른 봄부터 올라오므로 어린잎을 채취해 나물로 무쳐먹을 수 있다.

미국에서 철도침목을 수입할 때 유입된 이 식물은 그 후 기찻길이 놓일 때 함께 씨앗이 퍼졌고 현재는 가을이면 전국에서 볼 수 있다. 여름~가을에 들판에 흰꽃이 무리지어 핀 것을 보면 대부분 개망초이고, 요즘은 강원도 높은 산의 임도 주변에서도 즐비하게 필 정도로 번식력이 매우 왕성하다.

실망초

봄망초 어린 잎

수확한 어린 잎

참기름볶음

봄망초 어린잎은 취나물류와 비슷한 방식으로 조리할 수 있는데 추천하는 조리 방법은 참기름볶음이 좋다. 맛은 취나물과 조금 비슷하지만 쌉싸래한 맛이 조금 빠져있어 저급 취나물 맛이라고 생각하면 된다. 오히려 개미취 어린잎보다는 맛이 좋은 편이다.
성숙한 잎은 차로 우려 마실 수 있다.

- 전국의 길가, 들판, 산
- 어긋나기
- 어린 잎
- 3~5월 수확
- 볶음, 무침, 생즙
- 평균적인 맛
- 약성 : 설사, 해열, 해독, 장염
- 꽃 : 요리 장식용

머위

• 과명 : 국화과 • 학명 : Petasites japonicus • 꽃 : 4~5월 • 키 : 50cm

머위

꽃

꽃과 잎

머위는 가정주부들이 흔히 '머우'라고 알고 있는 산나물이다. 이른 봄에는 잎을 먹을 수 있고 한달 뒤에는 줄기를 먹을 수 있다.

이른 봄인 3~4월에 꽃이 먼저 피고 꽃 주위에 크고 둥근 잎들이 자라기 시작한다. 어린잎을 먹으려면 이때 채취해야 하고, 줄기를 먹으려면 1개월 정도 더 키운 뒤 채취한다.

머위 어린잎은 날것으로 먹을 수 있으나 맛이 매우 쓰다. 보통 3번 정도 우려

어린잎

수확한 어린 잎

어린잎 참기름볶음

머위대 볶음

낸 뒤 참기름으로 볶아먹는데 비교적 맛이 좋다.

약간 쌉싸래하고 시큼하고 싱싱한 맛이 난다.
줄기는 정과나 조림, 볶음으로 먹을 수 있고, 꽃은 통째로 튀기거나 술 또는 차로 먹을 수 있다.

- 남부지방의 산지, 습지
- 신장상 원형, 불규칙 톱니
- 어린 잎, 줄기
- 4~5월 수확
- 볶음, 무침, 조림, 정과
- 준고급 산나물 맛
- 약성 : 해독, 편도선염, 통증,
- 꽃 : 식용가능, 튀김, 술, 차

멸가치

• 과명 : 국화과 • 학명 : Adenocaulon himalaicum • 꽃 : 8~9월 • 키 : 1m

멸가치

꽃

성숙한 잎

꽃은 늦여름에 피지만 이른 봄부터 잎을 볼 수 있으므로 봄나물로 취급한다. 대도시 인근의 조금 높은 산의 계곡가에서도 흔히 볼 수 있다.

어린 잎의 잎자루에도 날개가 있으므로 쉽게 알아볼 수 있다.

산나물중에서도 꽤 맛있는 편이지만 따가는 사람이 없다. 등산로에서도 흔히 볼 수 있지만 땅에 납작하게 붙은 채 흙먼지를 뒤집어쓰고 있어 식용나물이라고 생각하는 사람이 없는 듯 하다.

열매

어린 잎

수확한 어린 잎

참기름볶음

어린잎은 날것으로 먹으면 매우 쓰다. 데친 뒤 3회 정도 충분히 우려내고 나물로 무친다.
참기름이나 들기름으로 볶으면 고소하고 쌉싸래할 뿐 아니라 부드러운 식감을 보여준다.

- 산의 축축한 응달
- 잎자루에 날개가 있다.
- 어린 잎, 어린순
- 4~7월 수확
- 볶음, 무침
- 준고급 산나물 맛
- 약성 : 기침, 산후복통, 천식
- 꽃 : 식용가능, 요리 장식용

명아주&흰명아주

• 과명 : 명아주과 • 학명 : Chenopodium album • 꽃 : 6~7월 • 키 : 1~2m

명아주

흰명아주

흰명아주의 잎

농촌은 물론 도시의 길가에서도 흔히 볼 수 있다. 도시에서는 전봇대 옆이나 오래된 담장가 빈터에서 흔히 자란다.

어린 잎에 붉은빛이 돌면 '명아주', 흰빛이 돌면 '흰명아주' 라고 부른다. 그 외에 '좀명아주' 가 있는데 대부분 어린잎을 식용할 수 있다. 잘 자란 줄기는 가볍고 단단하기 때문에 명아주지팡이(청려장)를 만들 때 사용한다.

명아주의 어린 잎은 날것으로 먹을 때 약간 쓴 맛이 있다. 나물로 먹기에는 인

좀명아주

수확한 흰명아주 어린 잎

명아주잎 양파고추장무침

상적 이지 않지만 약간 쌉싸래하고 싱싱하고 아삭한 맛이 있다.

원래는 5~6월경 어린 잎을 수확할 수 있지만 7~8월에 자라는 경우도 있어 여름에도 어린잎을 수확할 수도 있다.

- 전국의 산야, 길가, 빈터
- 어긋나기
- 어린 잎
- 5~8월 수확
- 무침, 볶음
- 평범한 맛
- 약성 : 이질, 살충, 해열, 습진,
- 꽃 : 식용가치가 없다.

물레나물

• 과명 : 물레나물과 • 학명 : Hypericum ascyron • 꽃 : 6~8월 • 키 : 0.5~1m

물레나물

꽃

어린 잎

물레나물은 대표적인 여름꽃이지만 어린 잎을 4월 말부터 볼 수 있으므로 봄나물로 취급한다.

꽃의 생김새가 물레를 닮았다 하여 물레나물이라 불린다.
비슷한 식물로는 고추나물이 있는데 물레나물과 달리 키가 50cm 내외로 자라고 꽃이 훨씬 작다.

물레나물의 어린 잎은 날것으로 먹을 때 약간 쓴맛이 있다.

고추나물

물레나물 어린 잎

고추장들깨무침

한번 데친 후 고추장으로 무쳐먹는데 약간 쓰고, 질기고, 두툼한 식감이 있다. 맛은 그다지 뛰어나지 않지만 그럭저럭 먹을만하다.

- 숲가, 논둑, 물가
- 마주나기
- 어린 순, 어린 잎
- 4~6월 수확
- 무침, 볶음
- 평균 이하맛
- 약성 : 지혈, 소종, 두통, 종기 타박상, 어패류식중독
- 꽃 : 식용가능, 요리 장식용

미나리냉이

• 과명 : 십자화과 • 학명 : Cardamine leucantha • 꽃 : 6~7월 • 키 : 50cm

미나리냉이

꽃

성숙한 잎

꽃은 냉이꽃과 비슷하고 잎은 미나리잎과 비슷해 미나리냉이라고 불린다.

냉이와 같은 십자화과 식물이므로 식용이 가능하지만 냉이에 비해 맛이 못하다. 꽃이 아름답기 때문에 정원에 군락으로 심기에도 안성맞춤이다.

가급적 3월 말 볼 수 있는 어린 순을 식용하지만 꽃이 피기 전의 어린 잎을 채취해 먹기도 한다.

열매

어린 잎

수확한 어린 잎

소금참깨무침

미나리냉이의 어린잎은 날것으로 먹을 때 약간 쓰고 약간 감미가 있다. 한번 데친 뒤 간장으로 부쳐먹는데 다소 쌉싸래하고 달달하기 때문에 썩 뛰어나지는 않아도 먹을만 하다.

꽃은 톡쏘는 상큼한 향이 있어 날것으로 먹어볼만 하다.

- 숲가, 계곡가, 물가
- 어긋나기, 우상복엽
- 어린 순, 어린 잎
- 3~5월 수확
- 무침, 볶음
- 평균적인 나물맛
- 약성 : 타박상, 백일해
- 꽃 : 식용가능, 요리 장식용

미나리(돌미나리)

• 과명 : 십자화과 • 학명 : Oenanthe javanica • 꽃 : 7~9월 • 키 : 30cm

미나리

꽃

잎

가정주부들이 알고 있는 '돌미나리'는 야생에서 자라는 미나리를 말했으나 요즘은 미나리밭에서 키우는 것도 돌미나리 라고 판매한다.
흔히 논밭에서 재배하지만 남부지방에서는 논둑 도랑이나 습지, 들판에서도 야생미나리를 볼 수 있다.

논밭 물가에서 냉이꽃과 비슷한 꽃이 피고 잎이 산형과 잎처럼 생긴 키 작은 식물이 보인다면 대부분 야생미나리이다.
미나리는 식초 넣은 물에 잘 행궈서 데친다. 두, 서번 행군 뒤 쪽파, 간장, 소

어린 잎

수확한 어린 잎

간장무침

도토리묵미나리무침

금, 들기름, 깨, 설탕으로 무친다. 미나리 특유의 상큼한 향과 함께 맛있게 먹을 수 있다.
도토리묵과 함께 무칠 때는 생미나리를 잘게 썰고 청양고추를 곁들어 무친다. 데친 것보다는 생채무침이 좋은 향으로 먹을 수 있다.

- 충청이남 논밭, 습지, 물가
- 어긋나기, 1~2회 우상복엽
- 어린 잎
- 4~7월 수확
- 무침, 볶음, 생채무침, 쌈
- 나물로 유명하다.
- 약성 : 수종, 청열, 임병, 신경통, 만성임파선염
- 꽃 : 식용하기엔 너무 작다.

민들레& 서양민들레

• 과명 : 국화과 • 학명 : Taraxacum platycarpum • 꽃 : 4~5월 • 키 : 30cm

민들레

민들레의 총포

서양민들레의 총포

우리가 흔히 보는 민들레는 대부분 서양민들레이다. 서양민들레는 총포가 뒤로 말려 있고 토종민들레는 총포가 말려 있지 않으므로 이 점으로 구별할 수 있다. 토종민들레는 말려 있지 않은 총포에 삼각형 돌기가 있고, 삼각형 돌기가 없으면 산민들레라고 할 수 있다. 또한 서양민들레는 꽃의 색상이 진노란색이고 토종민들레는 밝은 노란색이므로 이 점으로도 구별할 수 있다. 한 눈에 봤을 때 꽃이 진한 노란색이면 서양민들레라는 뜻이다. 토종민들레, 서양민들레, 산민들레는 모두 어린 잎을 식용할 수 있는데 쌉싸래한 맛이 일품이다.
민들레의 어린 잎은 날것으로 먹을 수 있으나 매우 쓰다. 데친 뒤 물기를 짝 빼

서양민들레

봄민들레

여름민들레

민들레 고추장무침

고 1시간 정도 냉수에 담근 뒤 3회 정도 행구어 노란물을 없애고 물기를 짝 배면 쓴맛이 거의 사라진다.

고추장으로 무치면 약간 질기기 때문에 육질을 씹는 맛이 있고 고소한 맛도 느낄 수 있다. 육류를 씹는 식감을 느끼고 싶을 때 즐기면 딱 좋다.

- 양지바른 풀밭
- 무우잎같은 큰 톱니
- 어린 잎
- 3~4월, 7~8월 수확
- 무침, 볶음, 쌈
- 준고급 나물
- 약성 : 해독, 이뇨, 청열, 간염, 임파선염, 유선염, 기관지염
- 꽃 : 식용가능, 요리 장식용

바디나물

• 과명 : 산형과 • 학명 : Angelica decursiva • 꽃 : 8~9월 • 키 : 0.8~1.5m

바디나물

꽃

성숙한 잎

바디나물은 잎의 생김새가 비슷한 나물이 많은데 그 가운데 강활, 지리강활과 헷갈리는 식물이다. 강활의 어린 잎은 약간의 독성이 있고 지리강활은 잘못 먹으면 즉사하는 소문난 독성식물이다.

그 외에 구릿대, 당귀와도 잎의 생김새가 비슷하지만 이들은 식용이 가능하다.

잎은 우상으로 갈라지고 삼각상 난형이고 작은 잎이 3~5개인데 깊게 갈라지거나 전부 갈라지고 작은 잎마다 날개모양인데, 이 날개모양이 구별 포인트가 된다.

어린 잎 예제 1

어린 잎 예제 2

수확한 어린 잎

들깨무침

어린 잎도 갈라진 작은 잎마다 날개가 있으므로 몇번 보면 바디나물임을 한 눈에 알 수 있다.

바디나물 어린 잎은 한번 데친 뒤 여러 방식으로 무쳐먹는데 그중 들깨무침이 먹을만 하다. 나물은 부드러운 식감이 있다. 맛은 평균적인 나물맛에 비해 조금 괜찮은 편이다.

- 전국의 산야, 물가, 습지
- 작은 잎에 날개
- 어린 순, 어린 잎
- 4~6월 수확
- 무침, 볶음
- 평균치보다 좋은 맛
- 약성 : 청열, 해독, 풍사, 가래, 오염된 물에 의한 식중독
- 꽃 : 식용 가치가 없다.

박쥐나물

• 과명 : 국화과 • 학명 : Parasenecio auriculata • 꽃 : 7~9월 • 키 : 1~2m

박쥐나물

꽃

잎

늦여름에 꽃이 피지만 이른 봄부터 어린 잎을 볼 수 있으므로 봄나물로 취급한다. 비슷한 식물로 '나래박쥐나물', '민박쥐나물' 등이 있는데 모두 어린 잎이나 어린 순을 식용할 수 있다.

박쥐나물은 어린 잎은 매우 쓰므로 가급적 꽃피기 전 30cm 이하 높이로 자란 박쥐나물의 부드러운 어린 잎이나 어린 순을 채취한다.

어린 순은 그럭저럭 맛과 향이 괜찮지만 어린 잎은 매우 쓰다.

박쥐나물 잎자루

나래박쥐나물 잎자루

박쥐나물 어린 순

참기름볶음

어린 잎을 식용할 경우 한번 데친 후 1시간 정도 우려내고 고추장이나 된장으로 무친다.

특유의 강한 향이 있지만 맛은 하급 취나물처럼 질기다. 보통 묵나물로 먹는다.

- 깊은 산의 풀밭
- 삼각꼴
- 어린 순, 어린 잎
- 4~7월 수확
- 무침, 장아찌, 묵나물
- 취나물 맛과 비슷
- 약성 : 약용 기록 없음
- 꽃 : 식용하기엔 털이 많다.

갯기름나물(방풍나물)

• 과명 : 산형과 • 학명 : Peucedanum japonicum • 꽃 : 6~8월 • 키 : 0.6~1m

갯기름나물

꽃

잎

갯기름나물은 주부들이 봄에 즐겨 먹는 방풍나물을 말한다. 원래 중부이남의 바닷가에서 자라는 난대성 식물이지만 맛이 고소해 최근에 대규모로 재배되어 시장에 출하되고 있다.

생김새가 비슷한 '갯방풍'은 높이 5-20cm로 자라는 우리나라 희귀식물이고, 이름이 비슷한 '방풍'은 중국원산의 잎이 가느다란 줄 모양이다.

갯기름나물의 어린 잎은 날것으로 먹을 때 매우 쓴 맛이 난다.

갯방풍

갯기름나물 어린 잎

된장무침

그러나 일반적인 수준으로 데쳐도 쓴맛이 사라진다.

된장이나 고추장으로 무치는데 잎이 부드럽고 고소할 분 아니라 약간 폭신한 식감이 있다.
열매는 과실주로 먹을 수 있고 뿌리는 인삼 비슷하게 먹을 수 있다.

- 중부이남 바닷가
- 2~3회 우상복엽
- 어린 순, 어린 잎
- 4~6월 수확
- 무침, 볶음, 술
- 나물로 판매한다.
- 약성 : 두통, 파상풍, 빈혈, 피로회복, 눈이 어지러운 증세
- 꽃 : 식용하기엔 작다.

큰뱀무

• 과명 : 장미과 • 학명 : Geum aleppicum • 꽃 : 6~7월 • 키 : 0.3~1m

큰뱀무

꽃

성숙한 잎

장미과의 식물은 대부분 어린 잎을 먹을 수 있고 맛도 거의 비슷하지만 그중 맛있는 식물들이 있다.
큰뱀무는 딱지꽃 어린 잎을 먹는 듯한 비슷한 식감을 주므로 장미과의 식물 중 비교적 맛있는 나물이라 할 수 있다.

비슷한 식물로는 '뱀무' 가 있는데 큰뱀무에 비해 키가 작고 소화경의 털이 퍼져있는 모양이다. 산에서 만나는 것은 대개 큰뱀무이고 뱀무는 울릉도, 제주도 등에서만 볼 수 있는 멸종위기식물이다.

뿌리잎

어린 잎

수확한 어린 잎

초고추장들깨무침

꽃이 피기 전 수확한 어린잎은 날것으로 먹을 수 있으나 매우 쓰다. 데친 뒤 30분 정도 우려내면 쓴 맛이 어느 정도 사라지지만 쌉싸래하므로 고추장이나 된장으로 무친다.
나물은 쌉싸래한 맛이 남아 있으나 식감이 두툼해서 고기씹듯 먹을만 하다.

- 산야의 축축한 곳
- 기수우상복엽
- 어린 순, 어린 잎
- 4~5월 수확
- 무침, 볶음
- 평균치 이상의 맛
- 약성 : 이질, 백대, 타박상, 마비, 활혈, 제습
- 꽃 : 식용가능, 요리 장식용

벌깨덩굴

• 과명 : 꿀풀과 • 학명 : Meehania urticifolia • 꽃 : 4~5월 • 키 : 40cm

벌깨덩굴

잎

줄기의 어린 잎

꿀풀과 식물인 벌깨덩굴은 박하 계열 식물 중에서 꽃이 가장 일찍 피는 식물로써 박하향이 그리 진하지 않은 특징이 있다. 예컨대 방아풀 류는 잎을 나물로 무치면 아주 강한 박하향이 남아 있어 입맛에 맞지 않으면 먹을 수 없지만, 벌깨덩굴은 박하향이 진하지 않기 때문에 나름대로 먹어볼만 하다.

어린 잎은 날것으로 먹을 수 있으나 씁쓸한 맛과 아싸한 뒷맛이 있다. 데친 뒤 3회 정도 짜내면 쌉싸래한 맛이 거의 사라지고 다른 박하류 식물과 달리 박하향이 적은 편이므로 나름대로 먹을만 하다.

어린 잎

수확한 잎과 꽃

꽃차

들깨참깨무침

그러나 아주 맛있지는 않다.

꽃과 어린 잎은 차로 마실 수 있는데 박하향은 약한 편이고 맛은 그다지 없지만 입안을 살균하는 효과가 있으므로 그냥저냥 마셔볼 만 하다.

- 산지의 응달
- 마주나기
- 어린 순, 어린 잎
- 4월 수확
- 무침, 볶음, 차
- 평범한 맛
- 약성 : 자양강장, 대하
- 꽃 : 식용가능, 꿀샘이 있다.

범꼬리

• 과명 : 마디풀과 • 학명 : Bistorta manshuriensis • 꽃 : 6~7월 • 키 : 30~80cm

범꼬리

꽃

줄기잎

마디풀과의 식물들은 대부분 어린잎을 식용할 수 있다. 싱아는 마디풀과 식물 중에서 맛있는 나물 중 하나이지만 나머지 마디풀과 식물들은 거의 대부분 맛이 없는 편으므로 나물로 권장하지 않는다.

하지만 누가 알겠는가? 큰 전쟁이 발발했거나 천재지변이 발생했다면 마디풀과 식물마저 캐 먹게 될 날이 올 것이다.

범꼬리의 어린 잎은 날것으로 먹을 때 아무런 맛이 나지 않는다. 물로 데치면

어린 잎

수확한 어린 잎

소금무침

약간의 단맛이 우려나온다.
소금으로 간을 하고 마늘, 쪽파, 육수, 설탕으로 버무리면 나름대로 먹을만 하다.
전체적으로 평균 이하의 나물 맛을 보여준다.

- 산지의 양달
- 긴 피침형
- 어린 잎, 어린 줄기
- 4~5월 수확
- 무침, 볶음
- 평균 이하맛
- 약성 : 이습, 구내염, 파상풍, 하리, 종기
- 꽃 : 요리 장식용

두메부추(멸종위기종)

• 과명 : 백합과 • 학명 : Allium senescens • 꽃 : 8~9월 • 키 : 20~30cm

두메부추

꽃

잎

부추류 식물중 가장 맛있는 두메부추는 멸종위기식물이므로 채취를 하지 않는 것이 좋지만 최근 대규모로 재배되어 인터넷에서 판매되고 있을 뿐 아니라 모종도 판매하고 있으므로 가정에서 키워 먹을 수 있다.

다른 부추와 달리 잎이 두툼한 다육질이므로 식감이 매우 아삭하고 특유의 부추향이 입맛을 돌게 만든다.

또한 두메부추는 다른 부추와 달리 잎이 무성하게 달리므로 먹을거리가 많다.

어린 잎

어린 순

수확한 어린 잎

초고추장무침

권장 식용법은 초고추장무침인데 초고추장에 다진 마늘을 섞어 버무려 먹는다.

첫맛은 싱싱하고 아삭하다. 특유의 부추향은 미각을 설레게 만든다.

두메부추는 자생지가 거의 남아 있지 않으므로 모종을 구입해 키워먹는다.

- 동해안과 울릉도
- 두툼한 줄 모양
- 어린 잎
- 3~7월 수확
- 날것, 생채무침, 쌈
- 아삭하고 맛있다.
- 약성 : 부추와 비슷한 약용 효과를 가진 것으로 추정된다.
- 꽃 : 식용가능, 요리 장식용

개별꽃, 큰개별꽃, 긴개별꽃

• 과명 : 석죽과 • 학명 : Pseudostellaria heterophylla • 꽃 : 5월 • 키 : 10cm

별꽃

큰개별꽃

도시의 풀밭에서 종종 볼 수 있지만 사람들의 관심 밖에 있는 키작은 식물이다. '개별꽃' 은 멸종위기식물이지만 '다화개별꽃' 이 새로 편입되어 개체수가 늘어났다. '긴개별꽃', '큰개별꽃' 도 비슷한 약용 효능이 있으므로 약용은 물론 어린 잎의 식용이 가능하다.

개별꽃의 뿌리는 한방에서 태자삼라고 부른다. 인삼의 자식이란 뜻이므로 인삼맛이 난다는 것은 충분히 예측할 수 있다. 재미있게도 잎, 꽃, 줄기에서도 인삼맛이 난다. 이 인삼맛 때문에 개별꽃이 멸종위기까지 몰린 것으로 보인다.

긴개별꽃

수확한 어린 잎

고추장무침

높이 10cm 정도로 자라기 때문에 잎에는 흙먼지가 수북히 쌓여 있다. 잘 세척한 뒤 씹어보면 인삼맛이 연하게 나지만 잘 느껴지지 않고 데친 뒤 나물로 먹으면 뒷끝이 인삼맛과 거의 비슷하다. 줄기는 억센 편이므로 줄기를 버리고 데치는 것이 좋다. 비교적 아삭하므로 먹을 만 하다.

- 활엽수림 아래
- 마주나기
- 어린 잎, 줄기, 뿌리, 꽃
- 3~5월 수확
- 무침, 볶음, 샐러드
- 연한 인삼맛
- 약성 : 해수, 허약체질, 하리, 각종 피로증
- 꽃 : 식용 가능, 요리 장식용

비름(비름나물)

• 과명 : 비름과 • 학명 : Amaranthus mangostanus • 꽃 : 7월 • 키 : 1m

비름

꽃

잎

가정주부들이 시장에서 즐겨 구입하는 나물이다. 저렴한 가격과 부드러운 식감때문에 밥상에 늘상 올라오는 것을 볼 수 있다.
원래 인도 원산이나 밭에서 재배하면서 현재는 야생화되었고 그 까닭에 논둑이나 밭둑 부근의 풀밭에서 흔히 보인다.
비슷한 식물인 '개비름'과 '눈비름'도 어린잎을 나물로 먹을 수 있다.

비름의 어린잎은 날것으로 먹어도 될 만큼 쓴맛이 별로 없다. 굳이 표현하자만 약간 매캐한 먼지맛이 연상된다.

비름의 어린 잎

개비름의 어린 잎

수확한 어린 잎

고추장무침

데친 뒤 고추장무침으로 먹는데 부드러운 식감에 약간 쌉싸래한 맛이 일품 있다. 봄나물로 인기만점이다.

어린 잎을 생즙으로 먹으면 비타민C를 복용하는 효과가 있다. 성숙한 잎은 죽으로 먹을 수 있는데 비타민C 함량이 어린 잎보다 많이 들어 있다.

- 논둑, 밭둑, 들판
- 어긋나기
- 어린 잎
- 5~7월 수확
- 무침, 볶음, 생즙, 죽
- 나물로 판매한다.
- 약성 : 비타민C, 청열, 변비
- 꽃 : 식용할 가치가 없다.

비비추&일월비비추

• 과명 : 백합과 • 학명 : Hosta longipes • 꽃 : 7~8월 • 키 : 30~40cm

비비추

잎

어린 순

식용 가능한 산나물 중 맛없기로 소문난 나물이다. 어떤 방식으로 식용하더라도 풀냄새가 물씬 풍기므로 입맛을 떨어지게 한다. 이 풀냄새를 좋아하는 분이라면 아마 안성맞춤일 것이다.

가급적 어린 잎을 채취하데 충분히 비벼 세척한 뒤 데친 후 나물로 무치거나 국거리로 이용한다. 비벼서 세척하면 거품이 발생한다고 알려져 있으나 실은 투명한 물방울이 발생한다. 이 물방울이 발생하지 않을 때까지 박박 비벼서 세척한다.

데친 것을 나물로 무치는데 맛은 부드러우나 풀냄새가 많이 난다.

일월비비추

수확한 어린 잎

비비추간장무침

비비추된장국

데치지 않고 박박 씻은 잎은 된장국으로 먹을 수 있으나 풀냄새가 심하므로 한번 데친 후 국거리로 사용한다. 데쳐서 나물로 무쳐먹는 것이 더 좋다.

註) 일월비비추는 꽃대끝에 꽃이 뭉쳐서 달리므로 비비추와 구별할 수 있다.

- 중부이남의 산지 냇가
- 8~12개의 맥
- 어린 잎
- 4~6월 수확
- 무침, 된장국
- 풀냄새가 심하다.
- 약성 : 백대하, 부녀허약증, 보허, 치통, 위통, 악창
- 꽃 : 식용가능, 요리 장식용

뽀리뱅이

• 과명 : 국화과 • 학명 : Youngia japonica • 꽃 : 5~6월 • 키 : 0.2~1m

뽀리뱅이

꽃

하단 줄기잎

뽀리뱅이는 전국에서 자생하지만 남부지방에서는 대도시 외각 길가에서도 흔히 볼 수 있다. 뿌리잎이 냉이잎과 비슷하기 때문에 꽃이 피기전에는 냉이잎과 구별하기 어렵다. 이런 경우 꽃대를 꺾어 비어있는지 확인한다. 꽃대속이 비어있으면 뽀리뱅이일 확률이 높다.

맛은 냉이에 비해 못하지만 냉이처럼 즐겨 식용할만한 가치가 있는 식물이다. 어린 잎은 날것으로 먹을 때 매우 쓴 맛이 난다.
한번 데치고 3번 정도 우려낸 뒤 물을 꾹 짜내고 나물로 무치거나 어묵, 양파

꽃대속이 비어있는 모습

냉이와 비슷한 뽀리뱅이잎

수확한 어린 잎

참기름볶음

같은 다른 재료와 함께 무친다. 이때 쓴 맛을 제거하기 위해 설탕을 적량 추가한다.

뒷맛이 상당이 쓰지만 육류를 씹는 듯한 쫄깃한 맛이 있다. 전반적으로 살찐 냉이를 먹는 듯한 식감을 준다.

- 논둑, 밭둑, 풀밭, 길가
- 무우잎처럼 갈라진 잎
- 어린 잎, 어린 순
- 4~5월 수확
- 볶음, 무침
- 살찐 냉이 맛
- 약성 : 해독, 지통, 청열, 소종 결막염, 유선염, 관절염
- 꽃 : 식용가능, 요리 장식용

삽주

• 과명 : 국화과 • 학명 : Atractylodes ovata • 꽃 : 7~10월 • 키 : 0.3~1m

삽주

꽃

줄기잎

꽃은 7~10월 사이에 피지만 어린 잎은 4월부터 볼 수 있으므로 봄나물로 취급한다. 뿌리로 한약재인 '백출' 과 '창출' 을 만들 수 있는 이 식물은 동양의약에서는 전설적으로 유명한 권태감 치료 식물이다.

국내에서는 전국의 산지에서 볼 수 있는데 주로 큰 나무밑의 반그늘 진 곳에서 만날 수 있다. 어린잎은 갈라지지 않은 잎과 3~5개로 갈라진 잎이 함께 붙는다. 갈라지지 않은 잎 위나 아래쪽 줄기를 뒤져보면 3~5개씩 갈라져있는 잎을 발견할 수 있으므로 이것을 식별 포인트를 삼을 수 있다.

4월말 연한 잎

5월말 연한 잎

4월중순 어린 잎

참기름볶음

어린잎은 다른 산나물과 달리 비교적 질긴 섬유질 식감이 있다. 데칠 때 비교적 길게 데쳐서 나물로 볶거나 무친다.

꽃이 필 때도 어린 잎을 쏙아내 나물로 먹을 수 있는데 김을 볶듯 참기름으로 달달 볶은 뒤 식용한다. 고소한 맛에 섬유질 식감이 있고 뒷맛은 쌉싸래하다. 먹을만 하다.

- 전국의 산야
- 타원잎, 3~5개 갈라진 잎
- 어린 잎, 어린 순
- 4~7월 수확
- 볶음, 무침
- 고소하다.
- 약성 : 야맹증, 하리, 말라리아, 권태, 우울증, 식욕부진, 감기
- 꽃 : 식용하기엔 털이 많다.

소리쟁이&수영

• 과명 : 마디풀과 • 학명 : Rumex crispus • 꽃 : 6~7월 • 키 : 30~80cm

소리쟁이

꽃

열매

소리쟁이와 수영은 둘다 어린 잎과 뿌리잎을 나물로 먹을 수 있다. 의외로 둘 다 약간 부드러운 식감을 보여준다. 나물의 미각은 맛이 조금 떨어지는 싱아 맛이라고 생각하면 될까?

소리쟁이와 수영은 생김새가 비슷하므로 구별하는 것이 애매하다. 소리쟁이의 뿌리잎은 피침형이거나 타원형이고 잎자루에 날개가 없고, 수영의 뿌리잎은 창검형이고 잎자루에 얇은 날개가 있다. 또한 소리쟁이의 꽃은 연녹색이고, 수영의 꽃은 붉은 색이므로 이 점으로 구별할 수 있다.

소리쟁이 5월 뿌리잎

수영 5월 뿌리잎

수영 꽃

소리쟁이고추장무침

둘 다 뿌리잎을 채취해 나물로 무쳐먹는다. 데친 뒤 2회 정도 우려내고 고추장으로 무친다. 데칠 때 잎이 황색으로 변한다.

식감은 약간 푹신하고, 부드럽고, 야들야들하다. 의외로 먹을만하다. 어린 잎을 날것으로 먹으면 소루쟁이는 신맛이 나지 않고, 수영은 약간의 신맛이 나기 때문에 질 떨어지는 싱아 맛을 연상시킨다.

- 지저분한 빈터, 물가
- 어긋나기
- 어린 잎
- 4~5월 수확
- 무침, 볶음
- 저급 싱아 맛
- 약성 : 청열, 해독, 변비, 이질, 간염, 혈소판감소성자반증
- 꽃 : 식용할 가치가 없다.

싱아&긴개싱아&그 외 싱아류

• 과명 : 마디풀과 • 학명 : Aconogonon alpinum • 꽃 : 6~9월 • 키 : 1m

싱아

긴개싱아 꽃

긴개싱아 잎

싱아의 어린 잎은 마디풀과의 식물 중에서 가장 맛이 좋으며 상큼한 레몬 맛이 인상적이다. 꽃에서도 상큼한 레몬맛이 나므로 재미삼아 따먹을 만 하다. 이런저런 이유 때문에 개체지가 줄어들어 요즘은 높은 산의 임도에서 싱아를 만날 수 있다.
유사종은 '싱아', '개싱아', '긴개싱아', '왜개싱아', '털싱아', '참개싱아' 등 10여 종이 있으나 대부분 어린 잎을 식용할 수 있다. 잎의 털 유무, 털이 나 있는 위치를 보고 유사종을 구별하지만 도감마다 해석을 달리하기 때문에 전부 싱아로 취급하고 어린 잎을 식용한다. 싱아의 어린 잎은 5~6월에 볼 수 있으

왜개싱아(추정) 잎

왜개싱아(추정)

고추장볶음

므로 여기서는 봄나물로 취급한다. 어린 잎은 한번 데친 후 꾹 짜내면 보기와 달리 부드럽게 변하고 즙이 풍성해진다. 고추장으로 양념한 뒤 참기름으로 볶으면 두툼한 육질, 부드러운 식감때문에 제법 맛있다. 꽃이 핀 이후의 잎도 나물로써 가치가 있으므로 개체지를 보호할 겸 키워먹을 것을 권장한다.

- 전국의 산지 양지
- 어긋나기
- 어린 잎, 조금 성숙한 잎
- 5~8월 수확
- 볶음, 무침, 생즙
- 제법 맛있다.
- 약성 : 해열, 부스럼, 건위
- 꽃 : 식용가능, 요리 장식용

속단

• 과명 : 꿀풀과 • 학명 : Phlomis umbrosa • 꽃 : 7월 • 키 : 1m

속단

꽃

성숙한 잎

속단은 '송장풀', '광대수염'과 비슷하지만 잎 모양이 심장형이거나 심장상 난형이기 때문에 잎만 봐도 구별할 수 있다.
꿀풀과 식물은 독특한 향기가 나지만 속단은 그중 향기가 약하므로 어린 잎을 식용해도 우리 입맛에 잘맞다.

꽃이 피기 전의 어린잎을 채취해 나물로 무쳐먹는다. 꽃은 식용이 가능하나 꿀풀과의 식물치고는 꿀샘이 미약하고 맛이 없다.

속단 5월 잎

속단 4월 잎

수확한 어린 잎

고추장무침

속단고추장 무침은 먹을만한 나물이다. 삭은 깻잎 식감을 보여주는데 깻잎향이 없는 나물이라고 생각하면 된다. 전체적으로 부드러운 식감을 준다.
한번 데친 뒤 2번 짜내고 고추장, 설탕, 다진 마늘 등으로 버무린다. 잎이 넓고 크기 때문에 씹는 맛도 있다.

- 전국의 산지
- 마주나기
- 어린 잎, 어린 순
- 4~6월 수확
- 무침, 볶음
- 향 없는 깻잎 식감
- 약성 : 보신, 유산방지, 요통
- 꽃 : 식용 가능, 꿀샘 미약

솜나물

• 과명 : 국화과 • 학명 : Leibnitzia anandria • 꽃 : 4~9월 • 키 : 30~60cm

솜나물

꽃

4월 뿌리잎

솜나물의 꽃은 봄과 가을에 2회 피는 것으로 유명하다. 봄에 피는 꽃은 연한 자색이고 지름 1.5cm 정도의 크기를 가졌다. 가을에 피는 꽃은 폐쇄화이다.

솜나물은 식물체가 작을 뿐 아니라 꽃도 이르면 3월부터 피기 때문에 어린 잎을 찾아내 채취하기가 매우 어렵다.

따라서 대개 꽃이 필 무렵의 어린잎중 비교적 연한잎을 채취해 식용하는데 맛이 매우 쓰므로 가급적 꽃이 피기 전 어린 싹을 수확해야 한다.

솜나물

수확한 어린 잎

고추장무침

꽃이 필 무렵의 어린 잎은 약간의 독성이 있으므로 데쳐서 서너번 우려내는 것이 좋다.

맛은 고소하고 약간 쫀득하지만 뒷맛이 매우 쓰다.

- 산지의 건조한 곳
- 난형, 거미줄같은 털
- 어린 순, 어린 잎
- 4~6월 수확
- 볶음, 무침
- 고소하고 매우 쓰다.
- 약성 : 약용 기록 없음
- 꽃 : 요리 장식용

어수리

• 과명 : 산형과 • 학명 : Heracleum moellendorffii • 꽃 : 7~8월 • 키 : 0.7~1.5m

어수리

꽃

성숙한 잎

경상도를 제외한 높은 산이나 들판에서 볼 수 있는데 주로 강원도의 높은 산에서 많이 볼 수 있다. 꽃잎이 V자형이기 때문에 꽃잎을 보면 쉽게 알아볼 수 있다. 줄기는 속이 비어 있고 잎은 다른 산형과 식물과는 다른 독특한 모양이기 때문에 이 점으로도 쉽게 알아 볼 수 있다.

꽃은 여름에 피지만 어린 잎은 4월부터 볼 수 있기 때문에 봄나물로 취급한다. 어린잎은 잔털이 수북하게 붙어있다.

4월말 어린 잎

4월중순 어린 잎

수확한 어린 잎

된장무침

날것으로 먹으면 쓴맛이 많이 나므로 데친 뒤 된장이나 고추장으로 무쳐먹거나 참기름으로 볶아서 먹는다.
약간 시큼하고 쌉사름한 뒷맛이 있다. 살찐 참나물과 비슷한 맛이라고 생각하면 된다.

- 경상도를 제외한 전국
- 깊게 갈라지고 털이 많다.
- 어린잎
- 4~7월 수확
- 볶음, 무침
- 살찐 참나물 맛
- 약성 : 복통, 대하, 치통, 골통, 피부건조증, 부스럼
- 꽃 : 식용가능, 요리 장식용

고려엉겅퀴(곤드레나물)

• 과명 : 국화과 • 학명 : Cirsium setidens • 꽃 : 7~10월 • 키 : 1m

고려엉겅퀴

꽃

줄기 잎

고려엉겅퀴는 강원도 정선에서 '곤드레나물밥'에 사용하는 산나물로 유명하다. 고려엉겅퀴의 어린 잎을 묵나물로 만든 뒤 밥을 짓기 전 물에 풀어서 쌀과 섞어 밥을 지으면 곤드레나물밥이 된다. 이것을 간장과 함께 비벼먹으면 별미 중의 별미이다.

꽃은 엉겅퀴와 같은 꽃이 피지만 잎은 취나물류 잎과 비슷하다. 잎의 가장자리에는 가느다란 침 모양의 바늘이 있으므로 쉽게 구별할 수 있다. 전국적으로는 곤드레나물밥으로 알려져 있지만 어린 잎을 참기름에 볶으면 곰취 못지 않은 뛰어난 맛이 나오는 맛있는 산나물이다.

5월 어린 잎

수확한 어린 잎

참기름볶음

곤드레나물밥

어린 잎을 날것으로 먹으면 조금 쓴 맛이 난다. 한번 데쳐서 3회 정도 우려내고 들깨와 참기름을 넣고 달달볶으면 취나물과 비슷한 식감의 고소한 반찬이 된다. 묵나물은 잎과 줄기를 삶아서 말린 뒤 물에 풀어 콩나물, 쌀과 함께 밥을 해 먹는다. 흰꽃이 피는 것은 '흰고려엉겅퀴'라고 말하며, 둘 다 우리나라 특산식물이다.

- 전국의 산지, 골짜기
- 잎 가장자리에 바늘같은 가시가 있거나 없다.
- 어린 잎
- 4~6월 수확
- 볶음, 무침
- 볶음이 고소하고 맛있다.
- 약성 : 약용 기록이 없다.
- 꽃 : 식용하기엔 털이 많다.

오이풀

• 과명 : 장미과 • 학명 : Sanguisorba officinalis • 꽃 : 7~9월 • 키 : 0.3~1.5m

오이풀

꽃

어린 잎

잎을 짓이겨보면 오이냄새가 난다고 하여 오이풀이라고 부른다. 장미과 식물의 잎은 대체로 텁텁하고 씁싸래한 맛이 있지만 오이풀의 어린 잎은 오이향 때문에 오이와 비슷한 식감을 준다.

국내에는 '산오이풀', '가는오이풀' 등이 있는데 모두 어린 잎을 식용할 수 있다. 잎은 여름이 지나면 두꺼워지기 때문에 식용가치가 없다.
어린 잎을 4~6월 사이에 채취하데 가급적 어린 잎을 채취한다.
어린 잎은 쓴맛이 없으므로 한번 데친 후 나물로 무친다.

가는 오이풀 꽃

산오이풀의 잎

들깨고추가루 막무침

연한 오이향이 나는데 식감은 오이 속살이 아닌 오리 껍질 맛과 비슷하다. 그러므로 더 어린 잎을 수확해야 부드러운 식감으로 즐길 수 있다.

- 전국의 산야
- 1회 우상복엽
- 어린 잎
- 4~6월 수확
- 볶음, 무침
- 연한 오이 껍질 맛
- 약성 : 지혈, 청열, 장풍, 습진, 비출혈, 화상(외용)
- 꽃 : 요리 장식용

용머리

• 과명 : 꿀풀과 • 학명 : Dracocephalum argunense • 꽃 : 6~8월 • 키 : 40cm

용머리

꽃

줄기 잎

입술모양의 꽃이 피는 꿀풀과의 식물은 상당히 많다. 그러나 용머리는 잎의 생김새가 선형이므로 쉽게 알아볼 수 있다.

어린 잎과 줄기는 둘 다 식용할 수 있으나 기대치의 맛이 나오지 않는다. 끓는 물에 한번 데친 뒤 나물로 무쳐먹는데 전체적으로 텁텁하고 씁쓸한 뒷맛이 있다. 식감은 상당히 안 좋은 편이다.

전쟁통에 피난을 떠나온 상황이라면 굶주림을 면하기 위해 그럭저럭 먹어야

5월중순 잎

4월말 잎

수확한 어린 잎

초고추장무침

겠지만 평화기에는 나물로써 권장하지 않는다. 게다가 멸종위기식물이므로 야생에서 자라는 것은 자생지 보호차 채취하지 않는 것이 좋다.

굳이 식용하고 싶다면 원예용으로 보급된 화단용 용머리를 채취해 식용해볼 수 있다.

- 강릉, 단양 일대
- 마주나기, 선형
- 어린 잎
- 4~5월 수확
- 무침, 볶음, 차
- 평균 이하 맛
- 약성 : 인후염, 두통, 결핵
- 꽃 : 요리 장식용

우산나물

• 과명 : 국화과 • 학명 : Syneilesis palmata • 꽃 : 6~9월 • 키 : 0.7~1.2m

우산나물

꽃

잎

우산나물 어린 잎은 '도깨비우산'과 '삿갓나물'과 비슷하다. 도깨비우산은 어린 잎의 식용이 가능하기 때문에 별 탈 없지만 삿갓나물은 유독식물이므로 반드시 회피할 줄 알아야 한다. 유독식물인 삿갓나물은 이 책 후반부의 독성식물편을 참고한다.

우산나물의 어린 잎은 접힌 우산처럼 잎이 늘어져 있으므로 손으로 잎을 세어보면 우산나물임을 알 수 있다. 보통 7~9개로 깊게 갈라져 있고 갈라진 부분은 다시 2회 2개씩 얇게 갈라져 있으므로 삿갓나물과 쉽게 구별할 수 있다. 어린 잎을 날것으로 먹으면 쓰고 쌉싸래하다.

4월중순 어린 잎

4월초순 어린 잎

수확한 어린 잎

된장무침

데친 뒤 2~3회 꾹 짜서 무치거나 참기름에 볶는다.
된장, 설탕, 소금, 쪽파, 마늘, 조개육수, 참깨로 버무리면 쌉싸래한 맛에 먹을만하다.
썩 뛰어나지는 않아도 평균치에 해당하는 맛을 자랑한다.

- 산지의 반양지
- 7~9개로 깊게 갈라진다.
- 어린 순, 어린 잎
- 3~6월 수확
- 볶음, 무침
- 쌉싸래하다.
- 약성 : 해독, 혈액순환, 종기, 관절통, 타박상, 통증
- 꽃 : 식용하기엔 털이 많다.

우엉

• 과명 : 국화과 • 학명 : Arctium lappa • 꽃 : 7~8월 • 키 : 1~2m

우엉

꽃

뿌리잎

우엉은 중국이 원산지로 우리나라에서는 재배하기 위해 들여왔다. 대개 뿌리를 식용할 목적으로 재배한다. 경상도에서 많이 키우며 우엉밭은 대개 하천 지역에 많다.
야생하는 우엉은 밭에서 날아온 씨앗의 의해 번성한 것으로 보인다. 최근에는 중국 재래종이 아닌 일본에서 들어온 품종을 많이 재배한다.
우엉의 뿌리잎은 모여나고 줄기잎은 어긋나게 달린다. 잎은 심장형이고 뒷면이 회백색이므로 쉽게 구별할 수 있다.
우엉의 잎은 식용 가능하지만 뿌리 식용이 더 중요하기 때문에 국내에서는 잎

줄기

4월초 어린 잎

4월중순 어린 잎

우엉튀김

을 먹는 경우가 거의 없다. 어린 잎은 떫고 쓴 맛이 있으므로 데친 뒤 나물로 무친다.

뿌리는 60cm 내외로 자란 것을 수확한 뒤 식용하는데 우엉조림이나 정과로 먹을 수 있다.

- 밭에서 재배한다.
- 우상복엽
- 뿌리, 어린 잎
- 4~6월 수확
- 무침, 볶음, 조림(뿌리)
- 정과가 맛있다.
- 약성 : 당뇨식이요법, 해독, 이뇨
- 꽃 : 요리 장식용

장구채&가는 장구채

• 석죽과 • 학명 : Silene firma • 꽃 : 7월 • 키 : 30~80cm

장구채

꽃

줄기 잎

꽃이 장구모양으로 생겼다 하여 장구채라는 이름이 붙었다. 국내에는 약 20여 종의 비슷한 식물이 있는데 대부분 어린 잎을 식용할 수 있으나 식용가치는 높지 않다. 오히려 싱큼하고 아삭한 식미가 있는 꽃을 재미삼아 먹을 만 하다.

어린 잎은 4월말부터 올라오고 5월이면 줄기가 높게 자라기 시작하고 7월경 꽃을 볼 수 있다.

가는 장구채는 덩굴처럼 누워 자라는 성질이 있는 식물로 주로 응달에서 많이

가는 장구채

가는 장구채 잎

고춧가루무침

볼 수 있다. 장구채와 달리 줄기가 많이 갈라지고 가지마다 꽃이 달린다.

둘 다 어린 잎을 식용하는데 쓴맛이 있으므로 데친 뒤 나물로 무친다.
가는 장구채는 된장국으로도 먹을 수 있다.

- 산지, 밭, 양지
- 마주나기
- 어린 잎
- 5~6월 수확
- 무침, 볶음, 된장국
- 평범한 맛
- 약성 : 월경촉진, 간장병, 혈액순환, 부스럼, 중이염
- 꽃 : 식용가능, 요리 장식용

콩제비꽃&제비꽃

• 과명 : 제비꽃과 • 학명 : Viola verecunda • 꽃 : 4~5월 • 키 : 5~20cm

콩제비꽃

제비꽃

졸방제비꽃

흰제비꽃

산나물은 꽃이 개화를 하면 잎에 독성이 쌓여 매우 쓰거나 뻑뻑해서 식용이 불가능해진다. 그러나 제비꽃은 잎의 독성이 약하므로 꽃이 피어 있을 때도 수확해 먹을 수 있다. 또한 꽃도 식용할 수 있으므로 한군데서 잎과 꽃 두가지를 채취할 수 있다.

콩제비꽃은 제비꽃 중에서 꽃이 제일 작은 제비꽃이다. 꽃의 지름은 1.5cm 내외이고 꽃에 비해 잎이 더 크다. 어린잎은 날것으로 먹을때 쓴맛이 거의 나지 않는다.

종지나물(미국제비꽃)

여러 가지 제비꽃 샐러드

수확한 콩제비꽃잎

간장무침

잎과 줄기를 한번 데친 뒤 간장으로 버무려도 연하고 부드러울 뿐 아니라 맛이 순하고, 다소 쫄깃한 식감과 아삭한 식감이 있다. 그럭저럭 단백하고 조금은 맛있다는 느낌을 준다.

제비꽃의 꽃은 꿀샘이 있지만 조금 미약하며 샐러드로 먹으면 식감이 매우 부드럽고 좋다.

- 개울가, 풀밭의 습한 곳
- 신장상 난형
- 어린 잎
- 4월 수확(콩제비꽃)
- 샐러드, 무침
- 잎, 꽃 둘 다 먹을만
- 약성 : 청열, 해독, 편도선염, 칼에 벤 상처, 종기(외용)
- 꽃 : 식용 가능

조밥나물

• 과명 : 국화과 • 학명 : Hieracium umbellatum • 꽃 : 7~10월 • 키 : 0.3~1m

조밥나물

꽃

줄기 잎

국화과의 식물들은 취나물처럼 다양하고 강인한 맛을 가지고 있지만 조밥나물은 그중 특징적인 맛이 나지 않는 식물이라고 할 수 있다. 그래도 국화과의 소문나게 맛없는 지칭개보다는 먹을만 하므로 한번쯤 궁금하면 해먹어도 무방할 것 같다.

꽃은 '사데풀', '쇠서나물', '가시상추'와 혼돈되기도 하는데 잎에 가시가 없고 가장자리에 뾰족한 톱니가 대, 여섯개 정도 있으므로 톱니를 보고 조밥나물임을 알아 볼 수 있다.

어린 잎

수확한 어린 잎

조밥나물들깨무침

어린 잎은 약간의 쓴맛이 있고 조금 독성 성분이 느껴지므로 물에 데친 뒤 나물로 무친다.

나물은 약간 쓴맛이 남아 있고 조금 싱싱한 맛도 느낄 수 있지만, 전체적으로 맛이 떨어지므로, 약초라고 생각하고 먹는다.

- 전국의 산지, 습지
- 잎 가장자리에 톱니 조금
- 어린 순, 어린 잎
- 4~6월 수확
- 볶음, 무침
- 볶음이 맛있다.
- 약성 : 이질, 부종, 폐결핵, 임파선결핵, 비뇨기계염증
- 꽃 : 식용가능, 요리 장식용

지칭개

• 과명 : 국화과 • 학명 : Hemistepa lyrata • 꽃 : 5~7월 • 키 : 0.6~1.5m

지칭개

꽃

잎

오래전부터 '지칭개나물' 이라고 불릴 정도로 나물로 먹은 기록이 있지만 맛은 썩 뛰어나지 않는다. 앞의 조밥나물과 쌍벽을 이루는 맛없는 나물 중 하나이다.

잎은 4월부터 볼 수 있는데 잎의 위쪽이 뾰족한 삼각꼴 모양이므로 금방 알아볼 수 있다.
지칭개의 방석처럼 퍼진 뿌리잎은 봄에 수확하거나 가을에 수확할 수 있고, 줄기의 어린 잎도 수확한 뒤 식용할 수 있다.

줄기 잎

수확한 어린 잎

된장무침

데쳐서 두어번 짜낸 뒤 된장이나 고추장으로 무치거나 참기름에 볶는다.

나물 맛은 쌉싸래하기 보다는 씁쓸한 편인데, 이 쓴맛은 여운이 꽤 오래가고, 줄기잎이나 뿌리잎이나 같은 씁쓸한 맛이므로, 약이라고 생각하고 먹는다.

- 밭둑, 풀밭, 빈터, 길가
- 잎 위가 뾰족한 삼각꼴
- 어린 순, 어린 잎
- 4~5월 수확
- 무침, 볶음
- 씁쓸한 맛
- 약성 : 해독, 청열, 치루병
- 꽃 : 식용가능, 요리 장식용

질경이

• 과명 : 질경이과 • 학명 : Plantago asiatica • 꽃 : 6~8월 • 키 : 10~50cm

질경이

꽃

잎

염료식물로 유명한 질경이는 '차전초' 라고 하여 마차가 지나간 길에서도 자란다고 하는 유명한 약용식물이다. 그만큼 도시에서도 흔하게 볼 수 있을 뿐 아니라 농촌에서도 많이 볼 수 있다.

도시에서는 아파트 통행로의 보도블록에서도 흔히 볼 수 있고, 높은 산의 등산로에서도 흔히 볼 수 있다.
질경이의 어린 잎은 약간 씁쓸하므로 데쳐서 두어번 우려낸 뒤 무쳐먹는다.

4월 어린 잎

창질경이

수확한 어린 잎

초고추장무침

식감은 섬유질이 많아 질긴 편이지만 다소 쫀득쫀득한 맛도 가지고 있다. 뒷맛은 쌉싸래하므로 봄나물로 입맛을 돋굴 때 좋다.
전체적으로 평균치 정도의 나물 맛을 보여주므로, 찾아서 가끔 해먹을 만한 나물이다.

- 빈터, 길가, 돌계단옆
- 주걱모양
- 어린 순, 어린 잎
- 3~6월 수확
- 무침, 볶음, 생즙
- 먹을 만하다.
- 약성 : 혈뇨, 충혈, 뿌연 오줌, 대하, 팔다리 저린 증세
- 꽃 : 식용가능, 요리 장식용

짚신나물&산짚신나물

• 과명 : 장미과 • 학명 : Agrimonia pilosa • 꽃 : 6~8월 • 키 : 0.3~1m

짚신나물

꽃

성숙한 잎

짚신나물은 '산짚신나물' 이라는 유사종이 있지만 둘 다 어린 잎을 식용할 수 있다. 가급적 산에서 채취한 어린 잎을 먹는 것이 몸에도 좋을 것이다.
장미과의 초본식물은 대부분 나쁘지 않은 맛을 가지고 있는데 장미과 식물 중 가장 먹을만한 식물이 짚신나물이다.

실제 어린 잎을 나물로 무치면 장미과 식물인 '큰뱀무' 와 비슷한 식감을 보여준다.

3월 어린 순

5월 어린 잎

수확한 어린 잎

된장볶음

어린 잎은 한번 데친 뒤 세 번 정도 우려 내고 식용한다.
된장물을 엷게 풀고 양파, 참깨, 참기름, 다진 마늘을 넣고 후라이팬에 자작자작하게 볶는다.

식감은 푹신푹신하고 부드럽고 쓴 맛이 별로 없다.

- 들판, 길가, 산
- 어긋나기, 2~7개의 작은잎
- 어린 잎
- 3~6월 수확
- 볶음, 무침
- 볶음이 맛있다.
- 약성 : 장염, 하리, 무월경, 각종 출혈증, 심한 과로
- 꽃 : 식용가능, 요리 장식용

소엽(차즈기)

• 과명 : 꿀풀과 • 학명 : Perilla frutescens • 꽃 : 8~9월 • 키 : 20~80cm

소엽

성숙한 잎

꽃

소엽은 꿀풀과의 식물중 우리 입맛이 가장 알맞는 나물이다. 물론 꿀풀과 특유의 향이 강하지만 이 향 때문에 차로 음용해도 썩 괜찮다. 먹는 방식도 다양해서 차, 생채, 무침은 물론 잎, 씨앗, 꽃도 식용할 수 있다.

잎은 깻잎과 비슷하지만 자주색이다. 이 잎을 뜨거운 물에 우려내면 잎의 색상이 점점 녹색으로 변하면서 녹색의 차가 만들어진다. 차맛은 들깨차맛과 현미차맛이 섞여 있고 특유의 향이 있어 운치 있게 마실 수 있다. 이 차는 빈혈과 감기를 예방하는 효과가 있다. 또한 어린 잎은 간장무침으로 먹을 수 있는데 보통의 나물보다는 못한 맛을 보여준다. 한번 데친 후 간장, 참기름, 쪽파, 참

열매

수확한 어린 잎

소엽차

간장무침

깨, 다진 마늘로 버무리는데 들깨향이 나지만 깻잎과 달리 식감이 현저히 떨어진다. 그러므로 데치는 것보다는 생잎을 깻잎장아찌처럼 무쳐보는 것도 생각해 볼만 하다.
어린 잎은 샐러드로 먹을 수 있고, 꽃은 각종 요리의 고명이나 튀김으로 매우 좋다.

- 밭에서 재배한 것이 야생화
- 자주색 깻잎 모양
- 어린 잎
- 5~9월 수확
- 차, 무침, 샐러드
- 차로 마시는 것이 더 좋다.
- 약성 : 현기증, 빈혈, 감기, 변비, 코막힘, 태기불안, 해독
- 꽃 : 식용 가능

참나물

• 과명 : 산형과 • 학명 : Pimpinella brachycarpa • 꽃 : 6~8월 • 키 : 50~80cm

참나물

꽃

성숙한 잎

나물을 해먹고 싶을 때 가정주부들이 흔히 사는 것이 참나물이다. 쌉싸래한 맛과 특유의 향으로 입맛이 없을 때 입맛을 돌게 만드므로 입맛을 돌릴 겸 참나물을 찾는 것이다.

우리가 즐겨 먹는 시장표 참나물은 재배종이며 깊은 산에서 자라는 참나물에 비해 맛이 떨어진다. 진품 참나물을 먹고 싶다면 깊은 산에 오르면 어떨까?

참나물은 산형과의 식물이지만 여러 유사종과 달리 구별하기 용이한 편이다.

잎차례

5월 어린 잎

수확한 참나물

간장무침

작은 잎이 3개씩 달리는 3출엽이므로 잎을 보면 쉽게 알아볼 수 있다.
어린잎은 다소 쌉싸래하므로 살짝 데친 뒤 새콤하게 무친다.

향긋한 향과 함께 밥맛을 돋게 만드는데 특히 육류와 함께 먹을 때 좋다.

- 깊은 산 비옥한 음지
- 3출엽
- 어린 잎
- 4~5월 수확
- 무침, 쌈, 김치
- 시장에서 판매한다.
- 약성 : 중풍, 대하, 고혈압, 해열, 신경통, 지혈
- 꽃 : 식용가능, 요리 장식용

참취

• 과명 : 국화과 • 학명 : Aster scaber • 꽃 : 7~10월 • 키 : 1~1.5m

참취

꽃

잎

취나물 중에서 가장 맛있는 나물이므로 취나물의 왕이라고 할 수 있다. 시장에서도 다른 취나물들은 '취나물' 이라고 팔지만 참취는 '참취나물' 이라고 부르며 더 비싼 가격으로 판매한다. 요즘은 '지리산 참취' 라는 식으로 지명까지 등장하는 실정이다.

참고로, 시장에서 볼 수 있는 참취는 대개 재배된 참취라고 할 수 있다. 자연산은 '자연산 참취' 라고 표기하는 경우가 많다.

뿌리잎

줄기의 어린 잎

수확한 어린 잎

참기름볶음

참취의 어린잎은 날것으로 먹을 때 매우 쓰다. 데쳐서 2~3회 우려내고 참기름, 다진마늘, 참깨, 육수, 쪽파로 달달 볶는다.

곰취잎도 이와 같은 방식으로 조리하면 맛이 좋은데 참취 또한 맛이 매우 좋다. 쌉싸래하면서 고소한 맛이 일품이다.

- 산지의 양지나 반양지
- 잎자루가 있고 줄기 위로 올라갈수록 잎자루가 좁아진다.
- 어린 잎
- 4~7월 수확
- 볶음, 무침
- 볶음이 맛있다.
- 약성 : 혈액순환, 타박상, 복통, 원기보충, 각종 통증
- 꽃 : 식용가능, 요리 장식용

터리풀

• 과명 : 장미과 • 학명 : Filipendula glaberrima • 꽃 : 7~8월 • 키 : 1m

터리풀

꽃

잎

장미과의 식물은 취나물처럼 뛰어난 맛은 아니더라도 대개 어느 정도 맛을 유지하고 있다. 터리풀 역시 장미과 식물중에서 제법 맛있는 식물이라고 할 수 있다. 우리나라 특산식물이므로 자생지에서 채취하는 것보다는 키워먹는 것이 더 좋을 것 같다.

비슷한 식물로는 '지리터리풀', '단풍터리풀' 등이 있는데 모두 어린 잎의 식용이 가능하다. 어린 잎은 날것으로 먹을 때 약간 쓴맛이 나므로 데친 뒤 나물로 활용한다. 데친 잎은 쓴맛이 거의 사라진다.

지리터리풀

4월 어린 잎

수확한 어린 잎

들기름볶음

나물로 무치거나 볶으면 쫀득쫀득하고 푹신푹신한 식감이 있다.

평균치의 나물보다는 우수한 편이고 참취나물에 비해서는 맛이 조금 떨어지는 편이다.

- 깊은 산 계곡가의 양지
- 5갈래로 갈라진 잎
- 어린 잎
- 4~6월 수확
- 볶음, 무침
- 볶음이 맛있다.
- 약성 : 관절염, 화상, 소아경련, 놀라는 증세
- 꽃 : 요리 장식용

파드득나물

• 과명 : 산형과 • 학명 : Cryptotaenia japonica • 꽃 : 6~7월 • 키 : 30~60cm

파드득나물

꽃

성숙한 잎

식물이름에 '나물' 이란 이름이 들어가는 경우는 별로 없는데 파드득나물에는 '나물' 이란 이름이 들어간다. 그만큼 맛있다는 뜻인데 실제로도 참취와 근사치에 가까운 맛을 보여준다.

재배농가가 거의 없는 이유는 아마도 참취에 비해 식물체가 작기 때문일 것이다. 식물체가 작으므로 수확할 수 있는 잎도 적을 수 밖에 없지 않을까?

4월 어린 잎

수확한 어린 잎

참기름볶음

어린 잎은 날것으로 먹을 때 매우 쓴맛이 난다. 잎이 두껍거나 쓴 맛이 많은 나물은 데친 뒤 참기름이나 들기름에 볶는 것이 맛을 증가시킨다.

참기름, 다진 마늘, 쪽파, 참깨, 소금으로 볶으면 첫맛은 부드럽고 뒷맛은 쌉싸래해서 먹을만 하다.

- 전국의 산지
- 3출엽, 잎 뒷면에 광택
- 어린 잎
- 4~6월 수확
- 볶음, 무침
- 볶음이 맛있다.
- 약성 : 해독, 소염, 폐렴, 임병, 대상포진, 혈액순환
- 꽃 : 식용 가능

풀솜대(지장보살)

• 과명 : 백합과 • 학명 : Smilacina japonica • 꽃 : 5~7월 • 키 : 20~50cm

풀솜대

꽃

잎

'지장보살' 이라는 별명이 있듯 산 속 스님들이 즐겨 먹었던 산나물이다. 백합과 식물 중에서 몇 안되는 날것으로 먹을 수 있는 식물이며, 어린 잎을 날것으로 먹어도 싱싱하고 맛이 좋다.

산에서 어린 잎을 채취할 경우 유독식물인 '애기나리' 나 '윤판나물' 과 비슷하므로 잎 뒷면에 털이 많은지 확인하고 채취한다. 풀솜대는 잎의 표면에 뽀얀 털이 조금 있고 잎 뒷면에 특히 거센 털이 많다.

4월 어린 잎

수확한 어린 잎

간장무침

샐러드

어린 잎은 독성이 없고 부드럽기 때문에 날것으로 먹거나 샐러드로 섭취한다. 나물로 무칠 경우 한번 데쳐서 간장, 소금, 참기름만으로 무쳐도 먹을만 하다. 데치면 날것과 달리 달달한 맛이 스며 나온다.
줄기가 질긴 편이므로 데칠 때 잎자루를 제거한 뒤 데치는 것이 좋다.

- 산지의 숲속, 낙엽밑
- 잎이 5~7쌍, 거센 털
- 어린 잎
- 4~5월 수확
- 샐러드, 무침
- 부드럽고 달달한 맛
- 약성 : 두통, 타박상, 유선염, 혈액순환, 월경불순, 보신
- 꽃 : 식용 가능, 요리 장식용

활량나물

• 과명 : 콩과 • 학명 : Lathyrus davidii • 꽃 : 6~8월 • 키 : 1.2m

활량나물

꽃

잎

콩과 식물은 대부분 잎과 꽃의 식용이 가능하다. 활량나물은 두툼한 잎에 쓴 맛이 별로 없어 오래전부터 나물로 먹은 식물이다.

어린 잎은 4~5월에 채취하지만 꽃이 필 무렵인 6~8월에도 비교적 여린 잎을 수확해 식용할 수 있다.

이 무렵 수확한 여린잎은 약간 두툼한 육질을 자랑하므로 어린잎에 비해 맛이 떨어져도 식감이 있다.

어린 잎

수확한 여린 잎

된장물볶음

한번 데친 뒤 우려내면 쓴맛이 없다.

된장 푼 물에 갖은 양념과 참기름을 넣고 달달 볶는다.
씹으면 식감도 좋고 고소한 맛도 느낄 수 있다.

- 산지의 양지
- 2~4쌍의 작은 잎, 잎 끝의 덩굴손이 2~3개 갈라진다.
- 어린 잎, 어린 순
- 4~7월 수확
- 볶음, 무침
- 조금 고소한 맛
- 약성 : 자양강장, 이뇨, 지혈, 월경통증, 자궁내막염
- 꽃 : 식용 가능, 요리 장식용

골무꽃

• 과명 : 꿀풀과 • 학명 : Scutellaria indica • 꽃 : 5~6월 • 키 : 20~40cm

골무꽃

수확한 골무꽃 어린 잎

어린잎 들기름볶음

열매가 골무를 닮았다고 하여 골무꽃이 라고 불린다.

어린 잎은 날것으로 먹으면 쓴맛이 많다. 한번 데친 후 여러번 우려낸다. 그래도 쓴맛이 남아 있으므로 설탕을 가미해 맛을 조절해준다.

- 경기이남의 산야
- 잎 양면에 털
- 어린 잎
- 4~5월 수확
- 볶음
- 요리 방법에 따라 맛 상승 가능
- 약성 : 지통, 해열, 치통, 거풍
- 꽃 : 식용 가능, 요리 장식용

참골무꽃

명 : 꿀풀과　학명 : Scutellaria strigillosa　꽃 : 7~8월　키 : 10~40cm

참골무꽃

수확한 어린 잎

어린잎 된장무침

골무꽃은 5~6월에 피는 봄꽃이고 참골무꽃은 7~8월에 피는 여름꽃이다. 골무꽃은 산야에서, 참골무꽃은 바닷가에서 볼 수 있으므로 이런 점으로 구분할 수 있다.

어린 잎은 쓰고 약간 시큼하므로 3번 정도 찬물에 우려내는데 된장무침으로 먹어도 쌉싸래한 맛이 남아 있다. 먹을 만하다.

- 전국 바닷가 모래땅
- 잎 양면에 털
- 어린 잎
- 5~7월 수확
- 무침
- 평균적인 맛
- 약성 : 골무꽃과 동일
- 꽃 : 식용 가능, 요리 장식용

달래&산달래

• 과명 : 백합과 • 학명 : Allium monanthum • 꽃 : 4월 • 키 : 10~20cm

산달래

달래

달래 된장국

달래는 농촌의 풀밭에서 자라고, 잎이 1~2개 내외, 잎의 길이는 10~20cm, 꽃이 1~2개 정도 달린다. 산달래는 들과 산에서 자라고 잎이 2~9개, 길이 30cm 내외, 꽃이 수북하게 달리고 달래에 비해 늦은 5~6월에 개화하므로 이런 점으로 구별할 수 있다.
된장국으로 끓이거나 오이를 무칠 때 함께 무칠 수 있다.

- 전국의 산지
- 줄 모양
- 어린 잎
- 4월 수확
- 된장국, 무침
- 봄나물로 인기있다.
- 약성 : 노화방지, 항균, 옆구리통증, 작은 종기
- 꽃 : 식용 가능, 요리 장식용

돌나물(돈나물)

• 과명 : 돌나물과 • 학명 : Sedum sarmentosum • 꽃 : 5~6월 • 키 : 15cm

돌나물

수확한 어린 잎

초고추장무침

우리 주변에서 가장 흔하게 볼 수 있는 산나물인 돌나물은 '돈나물'이라고도 불린다. 여기서 돈은 잎이 동전처럼 둥근 모양이기 때문에 붙은 이름이다. 꽃이 피기 전 어린 잎을 수확한 뒤 데치지 않고 생으로 무쳐먹는다.

도시의 풀밭에서도 흔히 볼 수 있으나 매연으로 오염되었기 때문에 가급적 식용하지 않는 것이 좋다.

- 전국의 풀밭, 바위틈
- 잎 3개가 돌려나기
- 어린 잎
- 3~5월 수확
- 생채 무침
- 나물로 판매한다.
- 약성 : 간염, 화상, 종기
- 꽃 : 식용가능, 요리 장식용

꽃마리

• 과명 : 지치과 • 학명 : Trigonotis peduncularis • 꽃 : 4~7월 • 키 : 10~30cm

꽃마리

잎

꽃마리잎 샐러드

꽃마리는 도시의 풀밭에서도 흔히 볼 수 있다. 애컨대 창경궁 풀밭이나 도시공원 풀밭에서 많이 볼 수 있다.

부드럽고 쓴맛이 없는 어린 잎은 날것으로 먹을 수 있는데 보통 샐러드로 먹는다.

줄기는 매우 억쎄기 때문에 반드시 잎이나 꽃만 떼어 샐러드로 만든다.

- 전국의 풀밭, 들판
- 어긋나기
- 어린 순, 어린 잎
- 4~6월 수확
- 샐러드, 무침
- 부드럽다.
- 약성 : 수족마비, 이질, 봉소염
- 꽃 : 식용가능, 요리 장식용

부추(정구지)

• 과명 : 백합과 • 학명 : Allium tuberosum • 꽃 : 7~8월 • 키 : 40cm

부추

부추 꽃

참산부추 꽃

부추라는 이름이 붙은 식물은 전부 어린 잎을 식용할 수 있다. 시장에서 흔히 접하는 부추는 부추의 어린 잎을 말한다. 잎은 줄 모양이고 30cm 내외의 길이를 가졌다.
몸 속 독성을 없애는 효능이 있어 각종 요리나 무침으로 먹는다.
부추류중에서 가장 맛있는 것은 두메부추이다.

- 산과 들판, 밭
- 길이 30cm 줄 모양
- 어린 잎
- 4~7월 수확
- 생채무침, 부추김치, 찌게
- 나물로 판매한다.
- 약성 : 비출혈, 혈뇨, 이질, 당뇨, 타박상, 해독
- 꽃 : 식용가능, 요리 장식용

애기수영

• 과명 : 마디풀과 • 학명 : Rumex acetosella • 꽃 : 5~8월 • 키 : 20~50cm

애기수영

수확한 어린잎

간장무침

유럽원산의 외래종식물이다. 원래 중부 이남의 들판, 길가, 풀밭의 축축한 풀밭에서 볼 수 있다.

어린 잎을 나물로 무치면 약간의 신맛이 나고 조금 고소하다.

인체에 좋지 않은 영향을 준다고 알려져 있으나 소량 섭취에는 문제점이 없다. 맛은 평균보다 못하지만 전쟁 중이라면 캐먹을 만 하다.

- 중부이남 들판, 풀밭, 길가
- 잎 하단의 귀 모양 돌기
- 어린 잎
- 4~7월 수확
- 무침
- 평균적인 맛
- 약성 : 비타민 C, 악창, 이뇨, 부스럼(외용)
- 꽃 : 식용하기엔 너무 작다.

쇠뜨기

• 과명 : 속새과 • 학명 : Equisetum arvense • 꽃 : 4월 • 키 : 30~40cm

쇠뜨기 생식경(꽃)

4월말 생식경

영양줄기(잎)

쇠뜨기는 논밭은 물론 풀밭에서 흔히 볼 수 있는 식물이다. 4월에 생식경이 꽃처럼 올라오고 나중에 영양줄기인 잎이 올라온다. 뱀머리처럼 생긴 생식경은 차로 우려내면 현미차와 비슷한 맛이 난다. 머그컵에 뜨거운 물을 붓고 생식경을 1~2개 정도 넣으면 1~2분 뒤부터 구수한 현미맛이 나고 10분 정도 우리면 멀건 죽처럼 진해진다.

- 전국의 풀밭
- 돌려나기
- 생식경
- 4월 수확
- 차, 술 / 생즙(잎)
- 현미차 맛과 비슷
- 약성 : 자양강장, 피로회복, 기력증진, 이뇨
- 꽃 : 생식경 식용 가능

아스파라거스

• 과명 : 백합과 • 학명 : Asparagus officinalis • 꽃 : 5~7월 • 키 : 1.5m

아스파라거스

꽃

어린 줄기

유럽원산이며 국내에서는 식용 목적으로 재배한다.
주로 어린 순이라고 불리는 어린 줄기를 식용하는데 약간의 달달한 맛, 비린 맛, 싱싱한 맛, 아삭한 맛이 있어 고추장에 찍어먹거나 생즙으로 먹는다. 모듬전, 볶음밥, 생채무침을 만들 때 오이처럼 썰어 넣을 수 있다.

- 밭에서 재배한다.
- 비늘 모양의 침 형태
- 잎이 나기 전 어린 줄기
- 4~5월 수확
- 날것, 무침, 볶음, 생즙
- 마트에서 판매한다.
- 약성 : 살충, 진해, 거담
- 꽃 : 식용가능, 요리 장식용

비짜루

• 과명 : 백합과 • 학명 : Asparagus schoberioides • 꽃 : 5~6월 • 키 : 0.5~1m

비짜루

꽃

어린 줄기

아스파라거스와 비슷한 식물이지만 국내에서 자생하는 식물이다.
아스파라거스처럼 잎이 나기 전의 어린 줄기를 식용하는데 식미가 아스파라거스와 거의 똑같다.
어린 줄기는 고추장에 찍어먹거나 생즙으로 먹을 수 있고 볶음밥, 모듬전, 생채 무침에 이용할 수 있다.

- 전국의 산지, 물가
- 침 모양
- 어린 순
- 4~5월 수확
- 날것, 무침, 볶음, 생즙
- 아스파라거스와 같은 맛
- 약성 : 아스파라거스와 비슷
- 꽃 : 식용가능, 요리 장식용

익모초

• 과명 : 꿀풀과 • 학명 : Leonurus sibiricus • 꽃 : 7~8월 • 키 : 1~1.5m

익모초

성숙한 잎

간장무침

꿀풀과의 식물 중에서 잎을 날것으로 먹을 때 가장 쓰다. 어린 잎을 식용할 경우 가급적 가장 어린잎이나 새순을 식용하는 것이 좋은데 시기적으론 5월쯤이 좋다.

쓴맛을 제거하기 위해 충분히 데친다. 나물로 무치면 첫맛은 쓴맛이 없으나 뒷맛이 매우 쓰다. 나물로는 가치가 없으므로 약용하는 것이 더 좋다.

- 전국의 산지
- 깊게 갈라진 잎, 어긋나기
- 어린 순, 어린 잎
- 5월 수확
- 무침, 볶음
- 매우 쓰다.
- 약성 : 산후복통, 지혈, 진통, 혈압강하, 진정
- 꽃 : 식용가능, 요리 장식용

절굿대

• 과명 : 국화과 • 학명 : Echinops setifer • 꽃 : 8~8월 • 키 : 1~1.5m

절굿대

꽃

어린 잎

어린 잎을 5월부터 볼 수 있으므로 봄나물로 취급한다. 대개 절굿대, 엉겅퀴 류는 어린 잎에도 가시가 있지만 푹 데치면 어느 정도 먹을만하게 익는다. 식미는 다소 담백하다.

성숙한 잎은 억센 가시가 데쳐도 사라지지 않으므로 목에 걸릴 수 있다. 가급적 어리고 연한 잎을 수확해 먹는다.

- 양지바른 풀밭
- 깊게 갈라진 모양
- 아주 어린 잎
- 4~5월 수확
- 볶음, 무침
- 다소 담백하다.
- 약성 : 해독, 악창, 월경촉진, 치질, 유방종기, 항암
- 꽃 : 식용 가능하지만 꽃 안에 거미나 해충이 있을 수 있다.

피마자(아주까리)

• 과명 : 대극과 • 학명 : Ricinus communis • 꽃 : 8~9월 • 키 : 1~2m

피마자

잎

묵나물볶음

인도가 원산지인 피마자는 우리나라에서 아주까리기름을 수확할 목적으로 재배한다.

아주까리(열매)에서 머릿기름인 포마드, 로션, 공업용 오일을 축출한다. 축출한 기름에는 설사 성분이 있으므로 복용을 피하는 것이 좋으나 법제화시켜 약으로 먹기도 한다. 어린 잎은 묵나물로 만든 뒤 보름나물로 무치거나 볶아먹는다.

- 밭에서 재배한다.
- 5~11개로 갈라진 모양
- 어린 잎(묵나물)
- 7~8월 수확
- 볶음, 무침
- 묵나물로 판매한다.
- 약성 : 비타민C, 해수, 각기
- 꽃 : 유독할 것으로 추정된다.

환삼덩굴

• 과명 : 삼과 • 학명 : Humulus japonicus • 꽃 : 7~8월 • 길이 : 1~3m

환삼덩굴

꽃

고추장무침

도시의 하천변, 빈터에서도 흔히 볼 수 있는 덩굴식물이다. 어린 줄기도 꺼끌꺼끌한 가시가 있지만 어린 잎과 함께 데친 뒤 2~3회 꾹 짜내면 식용이 가능하다. 다소 시큼한 맛이 있으므로 고추장으로 무친다.
쓴맛은 거의 나지 않고 싱싱한 맛으로 먹을 수 있다. 나름대로 먹을만 하므로 약이라고 생각하고 먹는다.

- 들판, 빈터, 하천변
- 5~7개로 갈라진 잎
- 어린 잎
- 5~8월 수확
- 무침, 볶음
- 싱싱한 맛
- 약성 : 결핵, 치루, 폐농양, 이질, 해독, 이뇨, 결석
- 꽃 : 식용 가능, 요리 장식용

광대나물

• 과명 : 꿀풀과 • 학명 : Lamium amplexicaule • 꽃 : 4~5월 • 키 : 10~40cm

광대나물

어린 잎

광대나물 간장무침

전국에서 자란다. 남부지방에서는 소도시 풀밭이나 논둑에서 가장 흔하게 볼 수 있는 식물이다.

나물로 무칠 경우 충분히 우려내도 줄기가 억세기 때문에 줄기를 제거하고 잎만 무친다. 약하지만 쌉싸래한 맛과 폭신폭신한 식감이 있다. 그럭저럭 먹을만하지만 기근기에나 먹을만 하다.

- 전국 산야, 논둑, 길가
- 원형
- 어린 잎
- 2~4월 수확
- 무침, 볶음
- 약간 쌉싸레한 맛
- 약성 : 거풍, 소종, 사지마비, 타박상, 결핵성경부림프선염
- 꽃 : 식용 가능, 요리 장식용

두번째. Part

여름나물 여름 먹는 꽃

톱풀

• 과명 : 국화과 • 학명 : Achillea alpina • 꽃 : 6~10월 • 키 : 0.5~1.2m

톱풀

꽃

잎의 톱니

톱풀은 국화과의 다른 식물과 달리 쓴맛이 잘 제거되는 편이다. 아마 여름, 가을에 수확하는 산나물 중에서 꽤 맛있는 축에 속한다고 할 수 있을 것이다. 물론 취나물 보다는 맛이 덜한 편이다.

어린 잎은 5월부터 볼 수 있지만 6~10월 사이에도 어린잎을 간간히 볼 수 있으므로 여름나물로 취급했다. 입맛 없는 여름철에 간간히 톱풀나물을 먹으면 입맛을 돌릴 수 있을 것이다.

어린 잎은 날것으로 먹을 수 있으나 쓴맛이 있다. 한번 데친 후 꾹 짜면 쓴맛이

어린 잎

서양톱풀

수확한 어린잎

고추장들깨무침

거의 제거되고, 싱싱한 맛과 쌉싸래한 맛이 남게 된다.

고추장, 설탕, 쪽파, 마늘, 들깨, 간장으로 무치는데 제법 맛있다.
약용 효능이 탁월한데 특히 비질(만성비염의 일종)에 효능이 있다.

- 산야의 양지바른 곳
- 톱날 모양의 잎
- 어린 순, 어린 잎
- 5~10월 수확
- 무침, 볶음, 술(전초)
- 쌉싸래한 맛
- 약성 : 해독, 각종 통증, 치질, 혈액순환, 만성비염, 지혈
- 꽃 : 식용가능, 요리 장식용

참당귀(당귀)

• 과명 : 산형과 • 학명 : Angelica gigas • 꽃 : 8~9월 • 키 : 1~2m

참당귀

꽃

성숙한 잎

당귀라고도 불리지만 정명은 '참당귀' 이다. 약용식물로 유명하지만 요즘은 쌈으로도 즐겨먹는다. 특유의 당귀 향이 입맛을 돋궈주므로 쌈재료로는 최고급이라고 할 수 있다. 당귀와 비슷한 식물이 많으므로 산에서 당귀를 확인할 경우 어린 잎을 따 향기를 맡아야 하는데 당귀는 한약방 냄새인 당귀향이 나므로 한번에 알 수 있다. 잎에서 고약하거나 약간 좋지 않은 향이 난다면 독초일 확률이 높다.

어린 잎은 봄부터 여름에 걸쳐 수확할 수 있는데 꽃이 피기전 어린 잎을 수확해야 한다. 어린잎은 당귀쌈으로 먹을 수 있는데 왜당귀에 비해 식감이 조금

어린 잎

수확한 어린 잎

당귀전

당귀쌈

질기고 맛이 조금 떨어진다. 그러나 풋고추를 곁들어 고추장에 찍어먹으면 밥 한공기 뚝딱 비울 정도로 아주 맛나다. 맛은 조금 쌉싸래하고 당귀향이 매우 강하다.

건조시킨 당귀잎을 가루로 내어 각종 전을 부칠 때 사용하기도 한다. 당귀향이 강하게 난다.

- 전국의 산지
- 1~3회 우상복엽
- 어린 잎
- 5~7월 수확
- 쌈, 약선요리
- 진미의 하나
- 약성 : 관절통, 자양강장, 두통, 진정, 변비, 염좌
- 꽃 : 요리 장식용

왜당귀(일당귀)

• 과명 : 산형과 • 학명 : Angelica acutiloba • 꽃 : 6~9월 • 키 : 60~90cm

왜당귀

성숙한 잎

어린 잎

정식명칭은 왜당귀이지만 일본에서 들어온 품종이기 때문에 일당귀라고도 말한다. 잎이 참당귀에 비해 부드럽고 식감이 더 좋은 편이다. 또한 참당귀에 비해 당귀향이 매우 강한 편이다. 오래전부터 마트에서 쌈거리로 판매하는 생채 나물이다.

왜당귀는 일제강점기때 참당귀 대용으로 도입한 식물이기 때문에 국내에서는 주로 밭에서 볼 수 있다.
어린 잎은 수확한 뒤 바로 쌈으로 먹는다,

꽃

잎차례

왜당귀 쌈

당귀향이 매우 좋지만 식감은 조금 억세고 빡빡하고 쌉싸래하다. 참당귀와 비교하면 참당귀잎은 육질이 두틈해 식감이 뭉툭한 편이다.

어린 잎을 고추장, 청양고추, 마늘과 함께 싸 먹는데 밥 한 공기 뚝딱 비울 정도로 아주 맛있다.

- 밭에서 재배한다.
- 3개씩 1~3회 갈라진다.
- 어린 잎
- 3~7월 수확
- 쌈, 약선요리
- 진미의 하나
- 약성 : 복통, 두통, 마비, 변비, 자궁출혈, 각종 통증
- 꽃 : 식용 가능, 요리 장식용

붉은서나물&주홍서나물

• 과명 : 국화과 • 학명 : Erechtites hieracifolia • 꽃 : 9~10월 • 키 : 0.2~2m

붉은 서나물

꽃

줄기잎

'붉은 서나물' 은 북미원산이고 '주홍서나물' 은 아프리카 원산의 외래종 식물이다. 둘 다 국화과 식물이므로 어린 잎을 식용할 수 있으나 맛은 썩 좋지 않다. 붉은 서나물은 전국에서 볼 수 있으며 서울의 야산이나 들판에서도 흔하게 보인다.

어린 잎은 약간 두툼한 다육질이고 한번 데치면 물컹한 즙이 줄줄 흐른다. 주홍서나물은 꽃의 색상이 주홍색이며 잎 모양이 붉은 서나물과 조금 다르고 남부지방 야산이나 들판에서 만날 수 있다. 주홍서나물의 키는 붉은 서나물의 절반 정도인 30~70cm 내외로 자란다.

주홍서나물 어린잎

붉은서나물 어린잎

된장무침

둘 다 어린 잎을 날것으로 먹으면 맛이 쓴 편이다. 언듯 느낀 맛은 취나물과 비슷한데 비비추처럼 풀냄새가 많이 나는 것이 특징이다.

물로 데친 뒤 먹으면 쌉싸래하고 풀냄새가 많이 나고 맛은 더더욱 없다. 굳이 나물로 식용할 필요는 없을 것 같다.

- 숲, 강가, 빈터, 철로변
- 어긋나기
- 어린 순, 어린 잎
- 6~7월 수확
- 무침, 볶음
- 맛이 없다.
- 약성 : 약용 기록 없음
- 꽃 : 말벌, 거미가 좋아한다.

깨풀

• 과명 : 대극과 • 학명 : Acalypha australis • 꽃 : 7~8월 • 키 : 30~50cm

깨풀

꽃

잎

중부이남의 논둑, 밭둑, 길가, 민가 부근 풀밭에서 흔히 볼 수 있는 들꽃이다. 꽃이 예쁘지 않기 때문에 잎을 보고도 지나치는 잡초 중의 잡초라고 할 수 있다.

잎이 깻잎과 비슷하다고 하여 깨풀이라 불린다.

깨풀 어린 잎은 데친 뒤 간장무침이나 고추장무침으로 먹을 수 있다. 대극과 식물임에도 약간의 취나물 맛과 약간의 깻잎 맛이 난다.

열매

줄기

수확한 어린 잎

깨풀 간장무침

또한 쫀득쫀득한 맛이 있으므로 이것저것 합치면 그럭저럭 먹을만한 종류다.

논둑이나 풀밭에서 흔히 볼 수 있으므로 반찬가지수가 부족할 때 한번쯤 해먹을 만한 들나물이다.

- 중부이남, 논밭둑, 길가
- 어긋나기
- 어린 잎
- 6~7월 수확
- 무침, 볶음
- 취나물 맛과 조금 비슷
- 약성 : 피부염, 세균성하리, 자궁출혈, 습진, 청열
- 꽃 : 식용가치 없음

뚱딴지(돼지감자)

• 과명 : 국화과 • 학명 : Helianthus tuberosus • 꽃 : 9~10월 • 키 : 1.5~3m

뚱딴지

꽃

성숙한 잎

뚱딴지는 알뿌리가 돼지나 먹는 맛없는 감자라는 뜻에서 '돼지감자'라고도 불리는 식물이다. 1900년경 식량자원으로 보급된 북미원산 식물이지만 하도 맛이 없어서 돼지사료로 사용했다고 한다. 이 맛없는 알뿌리가 최근엔 당뇨병같은 식이요법에 좋다고 하여 인기를 얻고 있다. 어린 잎도 식용할 수 있지만 국화과의 취나물에 비해 맛이 떨어지는 편이다. 그러나 조리를 잘하면 취나물 비슷하게 먹을 수 있다.

꽃은 늦가을인 9~10월에 피지만 어린 잎을 6~8월에 채취할 수 있으므로 여름나물로 취급한다. 어린 잎은 두툼한 식감에 푹신푹신한 털 식감이 있다.

뚱딴지 줄기

뚱딴지 밭

수확한 어린 잎

간장무침

날것으로 먹어도 별도 쓰지 않고 약간 쌉싸래한 맛이 난다. 그다지 쓰지 않으므로 데친 뒤 양념을 진하게 하지 않고 간장무침으로도 먹을 수 있다. 약간 아삭한 맛도 있는데 전반적으로 감자껍질을 잘 볶아 먹은 듯한 식감을 준다.
간장무침 외 다른 방식의 조리법을 개발하면 그럭저럭 취나물 비슷한 맛이 나올 것 같다.

- 농촌의 민가, 밭, 빈터
- 우상복엽
- 어린 잎, 알뿌리
- 6~7월 수확
- 무침, 볶음
- 저급 취나물 맛
- 약성 : 저열량, 식이섬유 풍부
- 꽃 : 식용가능, 요리 장식용

털기름나물&두메기름나물

• 과명 : 산형과 • 학명 : Libanotis coreana • 꽃 : 7~9월 • 키 : 10~90cm

털기름나물

꽃

성숙한 잎

기름나물이라고 불리는 들꽃들은 대개 잎이나 수액에서 고소한 기름냄새가 난다. '기름나물', '산기름나물', '털기름나물', '두메기름나물' 등이 있으며 대부분 어린 잎을 식용할 수 있다.

이 가운데 기름나물과 산기름나물은 전국의 산야에서 볼 수 있고 털기름나물은 한라산 같은 높은 산에서 볼 수 있다.

어린 잎

수확한 어린 잎

간장무침

데친 잎은 쓴맛이 없으므로 고추장 등으로 맛을 감출 필요없이 간장무침 등으로도 먹을 수 있다.
기름나물류는 아주 뛰어난 맛을 보여주지는 않지만 비교적 먹을만하므로 종종 해먹으면 바람직해 보인다.

- 한라산 백록담, 백두산
- 2회우상복엽, 잔털
- 어린 잎
- 7~8월 수확
- 무침, 볶음
- 평균 이상의 맛
- 약성 : 기관지염, 해수, 천식
- 꽃 : 식용 가능, 요리 장식용

영아자(염아자)

• 과명 : 초롱꽃과 • 학명 : Asyneuma japonicum • 꽃 : 7~9월 • 키 : 0.5~1m

영아자

꽃

덩굴속성을 가진 영아자

'염아자' 라고도 불리지만 정식명칭은 '영아자' 이다. 덩굴식물은 아니지만 덩굴처럼 누워 자라는 경우가 많다.

잎은 어긋나고 난형이거나 장란형이다. 줄기는 능선이 있다. 하단 잎은 잎자루가 있고, 상부잎은 잎자루가 거의 없어진다.

또한 상부로 올라갈 수록 잎자루에 날개가 생기므로 꽃이 피기 전에는 이런 점으로 구별할 수 있다.

중간 잎

상단 잎

수확한 어린 잎

들깨간장무침

어린 잎은 날것으로 먹을 때 약간 달달하고 아삭한 맛이 난다.
데친 뒤 간장, 들깨를 넣고 무치는데, 들깨가루 때문에 고소한 맛이 추가된다.
아삭아삭한 맛도 있고 향기도 있으므로 여름에 먹는 나물치고는 맛이 나쁘지 않다.

- 낮은 지대
- 어긋나기
- 어린 잎
- 5~6월 수확
- 무침, 생채
- 조금 달달하고 아삭한 맛
- 약성 : 천식, 가래, 신체허약
- 꽃 : 요리 장식용

황금

• 과명 : 꿀풀과 • 학명 : Scutellaria baicalensis • 꽃 : 7~8월 • 키 : 60cm

황금

꽃

줄기와 잎

중국이 원산이며 국내에는 약용으로 도입된 뒤 밭에서 재배하다가 야생화되었다. 정액이 낮에도 이유없이 흐르는 골정(滑精)에 효능이 있다고 한다.

꽃은 골무꽃과 비슷하나 잎 모양이 다르므로 구분할 수 있다. 오히려 용머리와 비슷하지만 꽃이 달려 있는 모습이 다르기 때문에 이 또한 구별할 수 있다.

황금은 꽃이 골무꽃처럼 달리고, 잎은 용머리 잎과 비슷하다고 생각하면 된다.

어린 잎

수확한 어린 잎

고추가루간장무침

어린잎이 약간 쓰고 약간 달달하다. 한 번 데쳐서 꾹 짜내고 나물로 무친다. 고추가루, 간장, 쪽파, 마늘에 버무려먹어도 먹을만 하다. 꽃이 핀 이후에도 어린 잎을 골라 나물로 무칠 수 있다.
식미는 다소 좋지 않으나 쌉싸레한 맛에 상큼, 야들야들, 아삭한 맛이 있어 채소처럼 재배할만 하다. 말린 꽃과 잎은 차로 마신다.

- 재배한 것이 야생화되었다.
- 피침형, 마주나기
- 어린 잎
- 5~7월 수확
- 무침, 볶음, 차
- 쌉싸래하고 상큼한 맛
- 약성 : 황달, 이질, 갈증, 골정, 비출혈, 자궁출혈
- 꽃 : 식용 가능, 차

갈퀴나물

• 과명 : 콩과 • 학명 : Vicia amoena • 꽃 : 5~6월 • 길이 : 0.8~2m

갈퀴나물

꽃

잎과 덩굴손

4월이면 어린싹이 올라오지만 5~7월에 어린 잎이나 여린 잎을 수확해 나물로 먹는다. 나물이라는 이름이 붙어있듯 어린 잎은 나물 삼아 먹을만 하다.

전국의 산이나 들판에서 흔히 볼 수 있는데 풀밭의 축축한 곳이나 덤불 속에서 볼 수 있다. 누워자라는 덩굴 속성이 있으므로 대개 허리 아래쯤에서 자란다.

잎은 아까시잎보다 작고 어긋나며, 작은 잎이 10~16개씩 달려 있고, 덩굴손이 2~3개로 갈라지므로 이점으로 구별할 수 있다.

살갈퀴

가는갈퀴나물

수확한 갈퀴나물잎

간장참기름무침

어린 잎은 덜 쓰지만 여름에 수확한 어린 잎은 조금 쓰다. 데친 뒤 3회 정도 꾹 짜내고 나물로 무친다.
간장, 참기름, 쪽파, 다진마늘, 참깨를 넣어 조물조물 무친다.

약간 쌉싸래하고 싱싱한 식감이 있다. 여름나물 치고는 제법 먹을만 하다.

- 산야의 습한 풀밭, 덤불가
- 10~16개의 작은잎, 덩굴손이 2~3개로 갈라진다.
- 어린 잎
- 4~8월 수확
- 무침, 볶음
- 싱싱한 식감
- 약성 : 염좌, 관절통, 근육마비
- 꽃 : 식용 가능, 요리 장식용

나비나물&광릉갈퀴

• 과명 : 콩과 • 학명 : Vicia unijuga • 꽃 : 7~8월 • 키 : 0.3~1m

나비나물

꽃

어린 잎

나비나물은 예로부터 나물로 즐겨먹은 산나물이다. 4월에 어린 순을 채취하거나 4~8월 사이에 어린잎이나 꽃을 채취해 먹을 수 있다.

어린순은 나물로 무치면 고소한 향이 있기 때문에 생으로도 먹을 만하다. 성숙한 잎은 묵나물로 먹고, 꽃은 날것으로 먹거나 튀김으로 먹는다.
잎은 어긋나고 작은 잎 2장이 쌍으로 나기 때문에 이점으로 구별할 수 있다.

우리나라 특산식물인 광릉갈퀴는 나비나물이나 갈퀴나물에 비해 맛이 조금

광릉갈퀴

광릉갈퀴의 어린 잎

참기름볶음

떨어진다. 데친 후 나물로 무치는데 약간 쫄깃한 식감이 있다.

잎은 아까시잎보다 크고, 3~7쌍으로 되어 있으며, 덩굴손이 퇴화된 돌기 모양이고, 꽃이 6~7월에 피므로 갈퀴나물과 구별할 수 있다.

- 전국의 산야
- 쌍으로 난 잎
- 어린 잎
- 4~5월 수확
- 무침, 볶음, 날것, 된장국
- 고소한 맛
- 약성 : 현기증, 심신쇠약, 허약체질보양
- 꽃 : 식용 가능, 요리 장식용

배초향

• 과명 : 꿀풀과 • 학명 : Agastache rugosa • 꽃 : 7~9월 • 키 : 0.4~1m

배초향

잎

꽃받침과 꽃

전국의 산야에서 흔히 볼 수 있고 설악산같은 고산지대에서도 볼 수 있다. 요즘은 주택집에서 화초로 키우는 경우도 많다.

꽃은 향기가 진하지만 그늘에서 키울 경우 향이 사라진다. 잎은 생선 비린내를 없앨 때 사용하거나 날것으로 먹고, 나물로 먹을 수 있다. 잘 말린 잎은 차로 음용하고 꽃도 차로 마실 수 있다.
생잎은 날것으로 먹을 때 매우 쓰기 때문에 가급적 어린 잎을 채취한다.

5월 중순 어린 잎

4월 중순 어린 잎

수확한 어린 잎

간장무침

어린 잎도 때에따라 날것으로 먹으면 코를 톡 쏘고, 특유의 진한 향기가 있다. 한번 데쳐서 여러번 우려내고 나물로 무치면 쓴 맛은 거의 사라진다.

간장, 참깨, 다진 마늘, 양파, 설탕으로 무치면 약간 쓴맛이 있지만 거의 사라진 상태이고 싱싱한 식감이 있어 먹기에 좋다.

- 전국의 산지
- 작은 깻잎 모양
- 어린 잎
- 4~7월 수확
- 무침, 차, 부침, 전
- 평균 이상의 맛
- 약성 : 각종 통증, 살균, 소화, 구토, 감기
- 꽃 : 식용 가능, 요리 장식용

방아풀

• 과명 : 꿀풀과 • 학명 : Isodon japonicus • 꽃 : 8~9월 • 키 : 0.5~1m

방아풀

꽃

잎

꿀풀과의 방아풀은 박하(민트) 계열의 식물로 박하향 비슷한 향이 아주 지독하게 풍기는 식물이다. 전초에서도 연한 박하향이 나지만 어린 잎을 식용하면 코가 움찔 거릴 정도로 박하향이 심하다. 그래서 입맛이 맞지 않으면 먹기 어렵지만 약초라고 생각하고 식용하면 좋다.

생김새가 비슷한 식물로는 '오리방풀', '산박하' 등이 있으나 모두 어린 잎의 식용이 가능하다. 샐러드나 쌈으로 먹고 나물로 무치기도 한다.
방아풀의 어린 잎은 5월부터 볼 수 있으나 여름나물로 취급한다. 어린 잎은 날

5월 어린 잎

수확한 어린 잎

간장무침

것으로 먹을 수 있으며, 진한 향이 있고 맛이 쓰다. 물로 데치고 여러번 우려내도 오묘하고 진한 향이 남아있다.

고추장, 된장, 간장으로 무칠 수 있는데 먹으면 코를 톡 쏘는 진한 향이 있다. 맛내기 조절이 어려운 편이지만 여름철 입맛이 떨어졌을 때 입맛을 돌게 만든다.

- 전국의 산야, 축축한 곳
- 마주나기, 넓은 난형
- 어린 순, 어린 잎
- 5~7월 수확
- 샐러드, 무침, 볶음
- 향이 매우 진하다.
- 약성 : 식용부진, 소화불량, 해독, 종기, 종양
- 꽃 : 식용가능, 요리 장식용

오리방풀

• 과명 : 꿀풀과 • 학명 : Isodon excisus • 꽃 : 6~8월 • 키 : 0.5~1m

오리방풀

꽃

잎

오리방풀은 흔히 '방아풀' 이나 '산박하' 와 많이 헷갈려하는 나물이다. 일반적으로 잎의 꼬리가 거북꼬리처럼 길게 나와 있으면 오리방풀로 동정한다. 윗부분 잎은 거북꼬리처럼 길게 나와 있지 않으므로 줄기 아래쪽 잎을 보고 판단해야 한다.

잎은 배초향이나 방아풀처럼 향이 있으나 아주 진하지 않고 꽃은 매우 쓰다. 주로 어린 순을 먹지만 어린 잎도 먹을 수 있다.

줄기

7월 어린 잎

수확한 어린 잎

간장무침

어린잎은 날것으로 먹으면 쓴 맛이 나므로 한번 데쳐서 1회 우려내고 나물로 무친다.
식감은 미약하게 쌉싸래하지만 먹을만하다.
나물로 무치면 방아풀이나 배초향에 비해 순하므로 부담없이 먹을 수 있다.

- 깊은 산속 응달
- 잎 끝이 거북꼬리 모양
- 어린 순, 어린 잎
- 7~8월 수확
- 무침, 볶음
- 쌉싸래한 맛
- 약성 : 항균, 해독, 질타박상, 식욕부진, 소화, 종기
- 꽃 : 식용 가능, 요리 장식용

각시취

• 과명 : 국화과 • 학명 : Saussurea pulchella • 꽃 : 8~10월 • 키 : 0.3~1.5m

각시취

꽃

뿌리잎

각시취는 5월경부터 잎이 올라온다.
뿌리잎은 엉겅퀴 잎과 비슷하지만 가시가 없고 대신 털이 있다. 잎의 표면은 조금 꺼끌꺼끌한 감촉이 있다.

5~6월에 어린 순을 수확하거나 6~8월에 줄기의 어린 잎을 채취해 나물로 먹거나 묵나물을 만든다.

어린 잎을 날것으로 먹으면 아주 쓰고 쌉싸래하다.

늦여름 잎

어린 잎

줄기의 어린 잎

들기름들깨볶음

여름에 수확한 어린잎은 묵나물로 먹는 것이 좋지만 한번 데친 뒤 3번 정도 우려내고 기름에 볶아먹기도 한다.

들깨와 들기름으로 볶으면 취나물과 비슷한 맛이 나오고 뒷맛은 쌉싸래하지만 먹을만하다.

- 산지의 양지바른 곳
- 긴 타원형, 뿌리잎은 갈라진 모양
- 어린 순, 어린 잎
- 5~8월 수확
- 볶음, 무침, 묵나물
- 중급 취나물 맛
- 약성 : 설사, 관절염, 타박상
- 꽃 : 식용하기엔 털이 많다.

마타리

• 과명 : 마타리과 • 학명 : Patrinia scabiosaefolia • 꽃 : 7~8월 • 키 : 0.6~1.5m

마타리

꽃

뿌리잎

여름이면 특유의 향기로 산을 뒤덮는 마타리는 잎에서도 특유의 향이 난다. 이 향은 사람에 따라 좋게 받아들일 수도 있고, 나쁘게 받아들일 수도 있다.

나물의 맛은 썩 뛰어나지 않지만 몸 속 독성을 없애는 효능이 있으므로 약초라고 생각하고 먹어볼 만하다.

어린 잎은 한번 데친 뒤 간장이나 고추장으로 무치거나 참기름으로 볶는다.

어린 잎

줄기 상단잎

참기름볶음

나물에서도 연하게 마타리꽃과 비슷한 특유의 향이 난다.

식미는 약간 쓰고 쌉싸래하므로 약이라고 생각하고 먹는다.

- 전국의 산야
- 마주나기, 하단 잎은 날개 있고 줄기 위 잎은 점점 없어진다.
- 어린 순, 어린 잎
- 5~6월 수확
- 무침, 볶음
- 평균 이하 맛
- 약성 : 충수염, 해독, 청열, 대하, 하리
- 꽃 : 요리 장식용

등골나물

• 과명 : 국화과 • 학명 : Eupatorium japonicum • 꽃 : 7~10월 • 키 : 1~2m

등골나물

꽃

성숙한 잎

등골나물은 여름에 어린 잎을 채취한 뒤 식용해도 무방하지만 매우 쓰고 맛이 없다.

보통은 4~5월에 어린 순이나 어린 잎을 채취해 나물로 먹는다. 말린 꽃은 차로 우려마실 수 있다.

비슷한 식물로는 '골등골나물' 과 '벌등골나물' 이 있고, 외래종인 '서양들골나물' 이 있다. 서양등골나물은 도시의 동네 뒷산에서도 흔하게 보인다.

골등골나물

등골나물의 6월 어린잎

서양등골나물

등골나물볶음

4~5월에 수확한 어린 잎은 데친 뒤 우려낸 후 나물로 무치거나 참기름으로 볶는다. 맛은 평균적인 나물맛을 보여준다.

꽃이 필 무렵의 어린 잎은 쓴맛이 매우 많으므로 묵나물로 먹는다.

- 산지의 양지나 반음지
- 마주나기
- 어린 순
- 4~5월 수확
- 무침, 볶음, 차(꽃)
- 평균적인 맛
- 약성 : 홍역, 요통, 오한, 두통, 항문탈출, 해수
- 꽃 : 식용 가능, 요리 장식용

모시물통이

• 과명 : 쐐기풀과 • 학명 : Pilea mongolica • 꽃 : 8~9월 • 키 : 30~50cm

모시물통이

꽃

잎

모시물통이는 전국에서 볼 수 있고 도시에서도 지저분한 도랑 옆에서 흔히 볼 수 있다.

여름철이면 도랑 옆이나 습한 곳에서 볼 수 있으므로 여름나물로 취급한다.

모시물통이의 줄기는 네모지고, 잎을 손으로 누르면 즙이 줄줄 흐른다.

나도물통이

모시물통이 어린 잎

간장무침

어린 잎은 약간 쓰므로 물에 데친 뒤 나물로 무친다.

맛은 먼지 맛이나 불에 탄 재를 먹는 맛과 비슷하고 식감 또한 썩 좋지 않다.

그늘지고 습한 곳, 물가
마주나기
어린 잎
7~8월 수확
무침, 볶음
평균 이하
약성 : 편도선염, 대하, 거담, 신우염, 소염, 태아불안
꽃 : 식용 가치가 없다.

들깨

• 과명 : 꿀풀과 • 학명 : Perilla frutescens • 꽃 : 8~9월 • 키 : 60~90cm

들깨

들깨 잎

깻잎무침

우리가 흔히 먹는 깻잎은 들깨잎을 말한다.
참깨잎도 식용 가능하나 들깨잎에 비해 두툼하고 맛이 떨어진다.
들깨는 동남아시아 원산이며 우리나라에서는 키워 기른다. 키워 기른 들깨들이 밭 주변의 들판에 퍼져 야생하고 있다.

- 밭, 들판
- 마주나기
- 어린 잎
- 7~8월 수확
- 무침, 볶음, 겉절이, 쌈
- 나물로 판매한다.
- 약성 : 해수, 천식, 구토, 설사, 감기, 해열
- 꽃 : 식용 가능, 요리 장식용

메밀

• 과명 : 마디풀과 • 학명 : Fagopyrum esculentum • 꽃 : 7~10월 • 키 : 40~70cm

메밀

꽃

메밀전

중국에서 들어온 메밀은 밭에서 재배하던 것이 퍼져 야생하고 있다. 남부지방의 작은 섬에도 메밀이 독자생존하고 있는데 과거 메밀밭이 있었던 곳으로 추정된다.
어린잎은 나물로 무쳐먹고 성숙한 잎은 잘 말린 뒤 약용하면 고혈압에 효능이 있다. 씨앗은 가루를 내어 메밀국수, 메밀전, 메밀묵, 빙떡으로 먹는다.

- 강원도와 남부지방 밭주변
- 삼각꼴, 어긋나기
- 어린 잎, 씨앗
- 6~7월 수확
- 볶음, 무침, 차
- 쓴맛이 거의 없다.
- 약성 : 간염, 고혈압, 다이어트, 어두운 귀, 충혈, 망막증
- 꽃 : 식용가능, 요리 장식용

박하

• 과명 : 꿀풀과 • 학명 : Mentha piperascens • 꽃 : 7~9월 • 키 : 50cm

박하

잎

꽃

약용 재배한 것이 퍼져 전국에서 자생하고 있다. 박하껌, 박하사탕의 재료인 민트계열의 향료식물이다. 잎을 짓이기면 진한 박하향이 난다.

어린잎은 5월부터 볼 수 있으나 6월부터 무성해지므로 여름나물로 취급한다. 어린잎은 샐러드로 먹거나 나물로 먹을 수 있는데 아주 진한 박하향이 난다.

- 들판, 습지
- 마주나기
- 어린 잎
- 5~7월 수확
- 샐러드, 무침, 볶음
- 향이 매우 진하다.
- 약성 : 해열, 치통, 두통, 충혈, 구내염
- 꽃 : 식용 가능, 요리 장식용

세번째. Part

가을나물 가을먹는 꽃

미역취

• 과명 : 국화과 • 학명 : Solidago virgaurea • 꽃 : 7~10월 • 키 : 40~90cm

미역취

꽃

줄기잎

미역취는 전국의 산지 풀밭에서 볼 수 있다. 특히 고산지대에서 많이 볼 수 있고 뿌리잎은 5월부터 올라온다. 뿌리잎은 수확 후 먹을 수 있다. 줄기가 올라오면 뿌리잎이 시들어버린다.

줄기잎은 날개가 있고 상단부로 올라갈수록 잎자루가 짧아진다. 미역취의 잎은 5월경 어린 순을 수확하거나 6~9월 사이에 어린잎을 수확한다.
어린 순과 어린 잎은 데친 뒤 나물로 먹는데, 조금 빽빽할 경우에는 묵나물로 먹는다.

어린 잎

수확한 어린 잎

참기름볶음

마늘, 양파, 소금, 참깨, 참기름을 넣어 볶으면 참취와 비슷한 식감이 나오지만 중하급의 취나물 맛이라고 할 수 있다.

여름에 어린 잎을 채취한 경우 따뜻한 날씨에 약하므로 가급적 빨리 식용하는 것이 좋다.

- 산지 풀밭, 활엽수 아래
- 어긋나기
- 어린 순, 어린 잎
- 5~9월 수확
- 볶음, 부침
- 중하급 취나물 맛
- 약성 : 두통, 황달, 감기, 청열, 백일해, 종기, 소아경련
- 꽃 : 식용 가능, 요리 장식용

고마리

• 과명 : 마디풀과 • 학명 : Persicaria thunbergii • 꽃 : 8~9월 • 키 : 1m

고마리

꽃

잎

마디풀과의 식물들은 국화과의 참취나물처럼 뛰어난 산나물이 없으나 '싱아'나 '소리쟁이' 처럼 무난하게 먹을 수 있는 나물들이 많다. 고마리도 그중 하나이므로 무난하게 섭취 가능한 나물이다.

고마리는 농촌의 논둑이나 도랑, 작은 냇가, 높은 산 등산로의 습기 찬 풀밭, 도시의 지저분한 도랑에서 흔히 볼 수 있다. 잎이 방패 모양이기 때문에 나물 초보자들도 쉽게 알아볼 수 있다.

흰고마리

수확한 어린 잎

간장무침

어린 잎은 쓴맛이 없지만 물가에서 채취한 것이므로 깨끗이 세척한 뒤 뜨거운 물에 살짝 데친다.

간장이나 고추장으로 무치면 조금 시큼한 맛과 싱싱하고 아삭한 식감이 있다. 저급 시금치무침과 비슷한 식감이지만 무난하게 즐길 수 있는 나물이다.

- 전국의 도랑, 논둑, 물가
- 방패모양
- 어린 잎
- 5~9월 수확
- 무침
- 싱싱하고 조금 시큼
- 약성 : 콜레라, 지혈, 간염, 위장병, 소화불량
- 꽃 : 식용 가능, 요리장식용

과남풀(칼잎 용담) & 용담

• 과명 : 용담과 • 학명 : Gentiana triflora • 꽃 : 7~10월 • 키 : 30~80cm

과남풀

잎

5월 어린 잎

과남풀(칼잎용담)과 용담은 '용의 웅담'에서 이름을 지었듯 나물맛이 매우 쓰다. 원래 뿌리의 맛이 쓰기 때문에 용담이란 이름이 붙었는데 잎과 꽃도 쓴맛이 강한 편. 흔히 생각하는 쌉싸래한 맛이 아니라 입 안에 전기 충격을 주는 듯한 쓰디 쓴 향미가 난다.

그래서 과남풀이나 용담의 어린 잎을 나물로 식용할 경우에는 여러번 우려낸 뒤 나물로 무치는 것이 좋다.

어린 잎은 3번 정도 우려내고 나물로 무친다. 쓴맛을 제거하려면 식초와 버무리고, 쓴맛을 즐긴다면 참기름으로 볶는다.

용담

용담의 꽃

용담의 5월 어린 잎

참기름볶음

쓴맛을 잘 제거했다면 쫀득쫀득한 식감 때문에 나름대로 즐길거리가 있는 나물이라 할 수 있다.

註) 과남풀은 꽃받침이 꽃의 통부에 붙어있다. 용담은 꽃받침이 통부와 붙지 않고 뒤로 굽어져 있다. 과남풀은 멸종위기식물이므로 자생지에서 채취하지 않고 키워 먹는다.

- 높은 산의 습한 곳
- 마주나기
- 어린 잎
- 5~9월 수확
- 볶음, 부침
- 매우 쓰고 쫀득한 맛
- 약성 : 두통, 뇌염, 황달, 충혈, 인후통, 음낭종통, 음부습양
- 꽃 : 식용 가능, 매우 쓰다.

수리취

• 과명 : 국화과 • 학명 : Synurus deltoides • 꽃 : 9~10월 • 키 : 0.4~1m

수리취

줄기 중간잎

잎 뒤면

분취류 중에서 비교적 맛이 좋은 산나물이다. 어린잎은 나물로 안성맞춤이고 연한잎은 떡을 싸먹기도 한다. 꽃을 보면 단번에 알아볼 수 있지만 꽃이 피기 전에는 다른 분취류와 헷갈리는 경우가 많다.

잎은 직삼각꼴이고 잎 뒷면에 흰빛이 띈다. 이 점으로 구별할 수 있다. 잎자루에는 날개가 있거나 없으므로 구별 포인트가 되지 않는다.
수리취의 어린 잎은 날 것으로 먹으면 매우 쓰다. 어린 잎을 푹 삶은 뒤 3번 정도 찬물에 푹 짜내고 나물로 무치는데 참기름으로 볶는 것이 참 맛있다.

줄기 상단잎

뿌리잎

참기름볶음

질기지만 고기씹는 식감과 고소한 식감이 있다.

전체적인 식감은 삽주와 비슷하지만 맛은 곰취나물이나 참취나물에 가깝다. 게다가 찬물에 3번을 우려냈으므로 쓴맛도 거의 사라진 꽤 맛있는 나물이라 할 수 있다.

- 전국의 산지
- 직삼각꼴, 결각상 톱니
- 어린 잎
- 5~9월 수확
- 볶음, 무침, 수리취절편
- 상급 취나물 맛
- 약성 : 항암, 해독, 지혈, 부종, 기관지염, 폐렴, 피부병
- 꽃 : 식용하기가 어렵다.

가막사리&미국가막사리

• 과명 : 국화과 • 학명 : Bidens tripartita • 꽃 : 8~10월 • 키 : 20~1.5m

가막사리

꽃

잎자루 날개

가막사리는 국내자생종인 '가막사리'와 외래종인 '미국가막사리'가 있다. 잎자루에 날개가 있으면 가막사리이고, 날개가 없으면 미국가막사리이다.

맛있는 나물은 아니지만 이름을 모른채 먹는다면 가끔가다 해 먹을 수 있겠다는 느낌이 난다.

말 그대로 이름없는 채소맛과 비슷하기 때문에 부담없이 먹어볼만한 나물인 셈이다.

미국가막사리

미국가막사리의 날개가 없는 잎자루

가막사리 어린 잎

간장고추가루범벅

수확한 어린잎은 한번 데친 후 한번 우려내고 간장이나 고추장으로 무친다. 식감은 보통이고 쓴맛이 별로 없다.

다소 아삭한 식감이 있으므로 부담없이 그럭저럭 먹을만하다.
꽃의 맛은 매우 쓰고 아리다.

- 밭둑의 습한 곳, 물가
- 마주나기, 날개가 있다.
- 어린 잎
- 7~8월 수확
- 무침, 볶음
- 다소 아삭한 맛
- 약성 : 이질, 피부염, 단독, 수면중 식은 땀
- 꽃 : 식용 가치가 없다.

궁궁이(천궁)

• 과명 : 산형과 • 학명 : Angelica polymorpha • 꽃 : 8~9월 • 키 : 80~1.5m

궁궁이

꽃

잎

산에서 자생하는 것은 궁궁이, 중국에서 도입한 뒤 밭에서 키우는 것은 천궁이라고 부른다.

약용식물로 매우 유명하지만 나물로써의 맛은 현격하게 떨어진다. 나물로 무치는데 약초라고 생각하고 먹는다.

궁궁이는 어린 잎을 수확하거나 꽃이 피어있을 때 연한 잎을 수확해 식용한다.

천궁 어린 잎

궁궁이 연한 잎

간장무침

한번 데친 뒤 나물로 무치는데 향은 있으나 약하고 특징을 지을만한 맛이 떠오르지 않는다. 부드러운 맛으로 먹는다.

- 산지 냇가, 골짜기
- 삼각꼴, 3개씩 3~4회 갈라진다.
- 어린 잎
- 5~9월 수확
- 무침, 볶음
- 평균 이하
- 약성 : 두통, 진정, 진통
- 꽃 : 식용 가능

구절초

• 과명 : 국화과 • 학명 : Dendranthema zawadskii • 꽃 : 9~10월 • 키 : 50cm

구절초

꽃

줄기 하단잎

구절초는 약용 식물로 유명하지만 쓴맛을 즐기는 사람이라면 어린 잎을 나물로 무쳐볼만 하다. 물론 맛이 조금 쓰거나 매우 쓰므로 기대하지 않는 것이 좋다.

쑥부쟁이는 잎이 갈라지지 않지만 구절초는 대개 손가락모양으로 깊게 갈라진다. 이때 갈라진 잎이 두껍거나 가늘고 이에 따라 구절초의 품종이 달라진다. 흔히 알고 있는 구절초는 갈라진 잎이 두껍고, '포천구절초', '바위구절초', '한라구절초'는 갈라진 잎이 얇은 것이 특징이다.

구절초의 뿌리잎

포천구절초의 뿌리잎

한라구절초의 뿌리잎

구절초된장무침

어린잎은 쓴맛이 매우 강하므로 데친 뒤 3번 정도 찬물에 우려낸다.
나물로 무칠 경우 쓴맛을 억제하기 위해 설탕을 가미한다.
첫맛은 쌉사래해서 먹을만 하지만 뒷맛이 매우 쓰다.
생잎은 볶은 뒤 술로 담글 수 있고 꽃도 차나 술로 담근다.

- 전국의 산야, 고산
- 가장자리가 깊게 갈라진다.
- 어린 잎
- 5~9월 수확
- 볶음, 무침, 술
- 쓴 맛
- 약성 : 불임, 월경불순, 각종 여성병, 소화불량
- 꽃 : 식용 가능, 요리장식용

산국&감국

• 과명 : 국화과 • 학명 : Dendranthema boreale • 꽃 : 9~10월 • 키 : 1~1.5m

산국

꽃

잎

늦가을에 산야를 노랗게 물들이는 꽃이 산국이나 감국이다. 중부지방에서는 단풍철이 끝날 무렵까지 산을 노랗게 물들이므로 쉽게 알아볼 수 있다.
어린 잎은 쑥잎과 비슷하다. 산국은 잎이 갈라질 때 중앙 맥까지 깊게 갈라지고 꽃은 50원짜리 동전 크기만하다. 감국은 잎이 얇게 갈라지고 꽃이 500원짜리 동전만하므로 구별할 수 있다. 또한 산국은 꽃이 촘촘하게 달리고, 감국은 허술하게 달린다. 산국은 1~ 1.5m 높이로 자라고, 감국은 30~80cm 높이로 자라므로 키의 차이가 많다. 감국은 꽃이 크나 대체로 허약한 느낌이 들고, 산국은 덤불처럼 왕성한 느낌이 든다.

감국

감국 꽃

감국 어린 잎

고추장들깨가루무침

어린 잎은 매우 쓰므로 가급적 어린 순을 채취해 식용한다.
쓴맛이 많으므로 데친 뒤 장시간 우려내고 고추장이나 된장으로 무친 뒤 설탕을 가미한다. 잘 우려내면 첫맛을 부드럽게 먹을 수 있다. 뒷맛이 쌉싸래하다.
꽃은 국화차로 마신다. 꽃을 잘 말린 뒤 우려내는 것이 원칙이지만 생 꽃을 우려 마시기도 한다.

- 전국의 산야
- 깊게 갈라진다.
- 어린 순, 어린 잎
- 6~9월 수확
- 볶음, 부침, 차, 술
- 쓴맛
- 약성 : 현기증, 두통
- 꽃 : 식용 가능, 국화차

미국쑥부쟁이

• 과명 : 국화과 • 학명 : Aster pilosus • 꽃 : 9~10월 • 키 : 1m

미국쑥부쟁이

꽃

참기름볶음

가을에 중부지방에서 흔히 볼 수 있는 외래종식물이다. 원산지에서는 황야지대에서 자라듯 우리나라에서도 밭뚝같은 못쓰는 땅에서 볼 수 있다. 꽃이 필 때 채취한다. 줄기는 데쳐도 억세므로 잎과 꽃만 참기름으로 달달 볶는다. 조금 질기고 쓴맛이 있지만 먹을만 하다. 꽃은 생으로 우려 마시면 뒷끝이 참 부드러운 국화차가 된다.

- 중부지방의 산지
- 피침형, 송곳형
- 잎과 꽃
- 8~10월 수확
- 볶음
- 쌉싸래한 맛
- 약성 : 약용 기록 없음
- 꽃 : 식용 가능

도깨비엉겅퀴&엉겅퀴

• 과명 : 국화과 • 학명 : Cirsium schantarense • 꽃 : 7~9월 • 키 : 1.5m

도깨비엉겅퀴

도깨비엉겅퀴 잎

된장물볶음

비교적 쓰지 않은 산나물이다. 어린 잎에도 가시가 있지만 푹 데치면 순해져서 먹을 수 있다. 조금 자란 잎의 가시는 푹 데쳐도 가시가 사라지지 않으므로 가시를 제거하고 데친다.
나물의 맛은 평범하고 별로 쓰지 않다. 고추장으로 무치는 것이 오히려 더 먹을 만 하다.

- 높은 산, 깊은 산
- 가시가 있다.
- 어린 잎, 어린 줄기
- 5~8월 수확
- 볶음, 무침, 튀김(잎)
  어린 줄기(샐러드, 생채)
- 평범한 나물 맛
- 약성 : 비출혈, 대하, 장풍, 혈붕, 피를 맑게 한다.
- 꽃 : 식용하기엔 털이 많다.

토란

• 과명 : 천남성과 • 학명 : Colocasia esculenta • 꽃 : 8~9월 • 키 : 1m

토란

잎

토란대 나물무침

열대아시아 원산이며 국내에서는 식용 목적으로 재배한다. 줄기는 9~10월에 장갑끼고 수확한 뒤 껍질을 벗기고 먹기 좋게 자른 뒤 잘 말린 후 토란대 나물로 볶거나 무친다. 뿌리는 토란대를 수확한 며칠 후 캐낸 뒤 토란국으로 끓이기 전 식초에 담가 아린 맛을 없애고 끓인다. 줄기의 수액은 피부질환을 일으키므로 조심하는 것이 좋다.

- 농촌에서 재배한다.
- 난상 타원형
- 줄기, 뿌리
- 9~10월 수확
- 무침, 볶음, 국(뿌리)
- 시장에서 판매한다.
- 약성 : 보신, 불면증, 노화방지, 정력증강, 우울증
- 꽃 : 식용 불가

네번째 Part

나뭇잎 나무꽃 먹기

감나무

• 과명 : 감나무과 • 학명 : Diospyros kaki • 꽃 : 5~6월 • 키 : 3~20m

감나무

꽃

열매

감나무는 도시의 주택집에서도 흔히 키우는 관상수이다. 어린 잎은 4~5월에 볼 수 있으므로 이 무렵 어린 잎을 수확해 나물로 무친다. 잎에서 느껴지는 떫은 맛은 흡사 덜익은 감 맛과 비슷하다. 꽃은 5월경 개화하므로 꽃이 피기 전의 어린 잎을 수확하는 것이 좋다. 감나무와 비슷한 나무인 고욤나무 어린 잎도 이와같은 방식으로 식용한다.

감나무 어린 잎은 한번 데쳐도 매우 떫고 쓰다. 데친 후 30분 정도 우려낸 뒤 3번 정도 찬물에 꾹 짜내고 나물로 무친다.

성숙한 잎

수확한 어린 잎

감나무초고추장무침

고욤나무 어린 잎

떫은 맛을 중화시키기 위해 식초를 넣거나 초고추장으로 무친다.

나물은 쫀득쫀득하고 부드러운 식감이 있다. 다소 떫지만 식감이 특이해 먹을 만하다.

- 전국의 산야, 재배한다.
- 어긋나기, 혁질, 난형, 광택, 잎자루에 털
- 어린 잎
- 4~5월 수확
- 무침, 볶음
- 떫고 쫀득한 맛
- 약성 : 비타민C, 내출혈, 천식, 만성기침, 가래
- 꽃 : 식용 가능, 요리 장식용

감태나무

• 과명 : 녹나무과 • 학명 : Lindera glauca • 꽃 : 4월 • 키 : 3~5m

감태나무

꽃

성숙한 잎

남부지방이나 남부도서지방에서 볼 수 있는 녹나무과의 나무들은 특유의 향이 있다. 이 향은 때론 매우 진하기 때문에 식용하기가 어려운데 감태나무는 향이 연하고 부드럽기 때문에 어린 잎을 차로 마시는 경우가 많다. 차의 맛이 매우 좋고 운치 있으므로 반드시 먹어볼 만한 식물이다.

어린 잎은 3~4월에 볼 수 있는데 뒷면에 은빛털이 밀생해 있다.
어린 잎은 4월 꽃이 필 무렵까지 수확할 수 있으므로 어린 잎을 수확한 뒤 세척하고 바로 끓는 물에 우려마신다.

열매

수피

어린 잎

감태나무차

차의 맛은 다소 시큼하지만 싱싱하다.

현미차같은 식감이 있지만 더 부드럽고 연하다. 향은 녹나무과 나무치고는 연하고 순하다. 봄날의 아지랑이 같은 맛있는 차라고 할 수 있다.

- 중부이남의 산야, 바닷가
- 어긋나기, 어린 잎은 뒷면에 털이 있고 성숙하면 없어진다.
- 어린 잎
- 3~4월 수확
- 차
- 차의 맛이 매우 좋다.
- 약성 : 해독, 지혈, 감기, 타박상, 가벼운 마비증세
- 꽃 : 식용 가능, 요리 장식용

생강나무

• 과명 : 녹나무과 • 학명 : Lindera obtusiloba • 꽃 : 3월 • 키 : 2~3m

생강나무

꽃

잎

녹나무 식물 중에서 감태나무처럼 식용이 가능한 식물이며, 어린 잎을 나물로 무치거나 차로 마실 수 있는 나무이다.
잎에서 생강냄새가 난다고 하여 생강나무인데 실제 어린잎을 식용하면 생강과 유사한 향미가 있다. 사찰에서 스님들이 생강 대용으로 즐겨먹을 정도로 의외로 맛있는 나뭇잎이다.

어린 잎은 꽃이 핀 뒤 달리므로 보통 3~4월에 채취한다.
채취한 어린 잎을 물에 데친 뒤 꾹 짜내고 튀김이나 전으로 먹는다.

수피

수확한 어린 잎

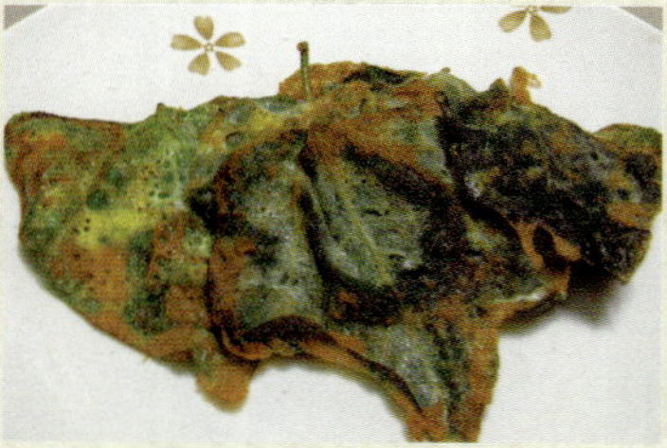
생강나무잎 전

생강나무잎 차

전으로 먹을 경우 쫀득한 육질이 씹히고 톡 쏘는 식감이 있어 제법 맛이 괜찮다.

생강나무차는 어린 잎을 우려 마시는데 약간의 생강냄새가 난다. 사실 녹나무과의 식물들은 잎에 생강 유사한 성분이 함유되어 있어 이런 여러 가지 성분들이 합쳐서 녹나무가 특유의 향을 만든다.

- 그늘지고 습한 곳, 물가
- 마주나기
- 어린 잎
- 7~8월 수확
- 무침, 볶음
- 평균 이하
- 약성 : 혈액순환, 타박상, 어혈, 뭉친근육이완
- 꽃 : 식용 가능, 요리 장식용

고광나무(오이순나물)

• 과명 : 범의귀과 • 학명 : Philadelphus schrenkii • 꽃 : 4~6월 • 키 : 2~4m

고광나무

꽃

열매

범의귀과에 속하는 식물들은 특유의 썩 좋지 않은 향이 있다. 그러나 고광나무 어린 잎은 오이향이 진하게 난다. 그래서 농촌에서는 어린 잎을 오이순나물이라고 부른다.

우리나라 특산식물이지만 멸종위기식물이 아니므로 봄이면 산나물로 채취하는 사람들이 많다.
어린 잎은 날것으로 먹어도 별로 쓰지 않다. 진한 오이향 때문에 입맛을 돌게 만든다.

여름잎

섬고광나무

어린잎

간장무침

잎이 붙은 잔줄기는 끓는 물에 데쳐도 억세므로 잔줄기를 모두 제거하고 잎만 데치는 것이 좋다.

식미는 다소 고소하고 약간 매운 맛이 있고 전체적으로 별맛이 나지 않는다. 싱그러운 봄나물이라는 생각으로 먹는다.

- 전국의 산야
- 마주나기, 뚜렷하지 않은 톱니, 잎 뒷면 맥에 털
- 어린 잎
- 3~5월 수확
- 무침, 볶음
- 평균적인 나물 맛
- 약성 : 자양강장, 이뇨, 치질
- 꽃 : 식용 가능

까마귀밥나무&개당주나무

• 과명 : 범의귀과 • 학명 : Ribes fasciculatum • 꽃 : 4~5월 • 키 : 1~1.5m

까마귀밥나무

꽃

열매

흔히 '까마귀밥여름나무' 라고 알려져 있으나 정식명칭은 '까마귀밥나무' 이다. 범의귀과의 식물이므로 특유의 향이 있고 어린 잎은 고광나무잎에 비해 먹을만하다. 비슷한 식물인 '개당주나무' 잎도 비슷한 맛을 제공하므로 나물로 먹을 수 있다.

'까마귀밥나무' 와 '개당주나무' 는 오히려 꽃이 먹을만 하고, 비슷한 나무인 '까치밥나무' 와 '개앵두나무' 는 열매를 식용할 수 있으므로 잎도 까마귀밥나무처럼 먹을 수 있을 것으로 보인다.

성숙한 잎

개앵두나무 꽃

수확한 어린잎

고추장무침

어린 잎은 날것으로 먹으면 매우 쓰다. 데친 뒤 3번 정도 찬물에 짜내고 고추장, 소금, 설탕, 마늘, 청고추(안 매운 것), 참기름, 참깨로 맛을 낸다.

약간 텁텁하고 쓴 맛이 조금 남아있지만 먹을만 하다.

- 전국의 산야 계곡가
- 어긋나기,
  3~5개로 갈라진 모양
- 어린 잎
- 3~5월 수확
- 무침, 볶음
- 약간 텁텁한 맛
- 약성 : 생리통, 해열, 월경불순
- 꽃 : 식용 가능

고추나무

• 과명 : 고추나무과 • 학명 : Staphylea bumalda • 꽃 : 5~6월 • 키 : 2~5m

고추나무

잎

열매

잎의 생김새가 고추잎을 닮았다 하여 고추나물이라고 불린다. 식미는 매운 맛이 나지 않지만 고추잎보다 더 연하고 독성이 없다. 나뭇잎나물치고는 꽤 맛있는 나물이라고 할 수 있다.

잎은 3출엽 형식으로 작은 잎 3개가 붙어 있고, 잎에 광택이 있으므로 쉽게 알아볼 수 있다,
어린 잎은 꽃이 피기 전 수확한다. 순하기 때문에 데친 뒤 한번 정도 짜내고 나물로 무친다.

꽃

수피

어린잎

들깨무침

식미는 연하고 약간 고소하고 독성이 없다. 나무잎 나물치고는 잡맛이 없어 맛있는 축에 속한다.

이른 봄이면 시장에서 판매하는 것도 흔히 볼 수 있다.

- 해발 500m 이하의 저지대 산기슭과 계곡 주변
- 마주나기, 3출엽
- 어린 잎
- 4~5월 수확
- 무침, 볶음, 튀김, 생채
- 시중에서 판매한다.
- 약성 : 산후어혈, 기관지염, 지혈, 기침
- 꽃 : 식용 가능, 요리 장식용

구기자

• 과명 : 가지과 • 학명 : Lycium chinense • 꽃 : 6~9월 • 키 : 1~4m

구기자

꽃

잎

구기자는 한 때 불로장생, 만병통치약으로 인기를 얻은 약용식물이다. 주로 약용으로 알려져있으나 어린 잎은 나물로써 충분하므로 약초 겸 나물로 먹는다. 4월 중순 올라오는 잎을 채취하거나 꽃이 피는 8월에도 어린 잎을 나물로 채취할 수 있다. 잎에는 시력에 좋은 성분이 많이 함유되어 있다.

구기자는 전국의 산야에서 야생하고 특히 밭주변이나 둑에서 야생화된 구기자를 많이 볼 수 있다.

열매

어린 잎과 줄기

어린잎

간장무침

봄에 수확한 어린 잎은 식감이 부드럽고 연하다.

간장, 참기름, 참깨, 쪽파, 마늘, 소금으로만 무쳐도 연한 맛으로 먹을 만 하다.

- 둑, 냇가, 밭둑, 야산
- 어긋나기, 모여나기
- 어린 잎
- 4~8월 수확
- 무침, 볶음
- 부드럽고 연한 맛
- 약성 : 충혈, 백내장, 야맹증, 갈증, 허약한 몸
- 꽃 : 식용 가능, 요리 장식용

국수나무

• 과명 : 장미과 • 학명 : Stephanandra incisa • 꽃 : 5~6월 • 키 : 1~2m

국수나무

잎

꽃

줄기 속의 골이 국수다발처럼 뽑힌다고 하여 국수나무라고 말한다. 식용 여부는 알려져 있지 않으나 장미과의 식물이므로 어린 잎의 식용 가능성이 있다. 그러나 어린 잎도 질긴 식감이 있으므로 맛은 뛰어나지 않다. 비슷한 식물인 '나도국수나무'는 열매에 바늘같은 털이 있으므로 쉽게 구별할 수 있다.

어린잎은 4~5월에 채취하데 가급적 어린 잎을 채취한다. 날것으로 먹으면 약간 쓰고 종이 같은 질긴 식감이 있다.
데친 뒤 고추장으로 무쳐먹는데 식감이 역시 좋지 않다.

국수나무열매

나도국수나무 열매

국수나무 어린 잎

고추장무침

전쟁중에 궁하면 산에 보이는 것이 국수나무이므로 굶주림을 면하기 위한 방편으로 먹을 만 하겠다.

- 전국의 산야
- 어긋나기, 결각상 톱니
- 어린 잎
- 4~5월 수확
- 무침, 볶음
- 평균 이하의 맛
- 약성 : 약용 기록 없음.
  당뇨(연구중)
- 꽃 : 식용 가능하나 맛이 없다.

느티나무

• 과명 : 느릅나무과 • 학명 : Zelkova serrata • 꽃 : 4~5월 • 키 : 3~26m

느티나무

꽃

수피

느티나무 어린 잎은 나물로써 격이 떨어지나 식용이 가능하다. 봄철에 쓰고 텁텁한 맛이 먹고 싶을 때 한번쯤 해먹어볼만 하지만 맛이 없으므로 적극 권장하지는 않는다.

어린 잎은 쓴맛이 강하므로 3~5월 사이에 채취하되 가급적이면 어린 순이나 어린 잎을 채취한다.

성숙한 잎

4월 어린 잎

수확한 어린 잎

들깨고추장무침

무친 나물은 식감이 꽤 좋지 않고 쓰고 텁텁한 맛이 있다. 물에 데쳐도 생 잎 냄새가 남아 있으므로 잘 데친 뒤 식용한다.

- 전국의 산야, 마을광장
- 어긋나기
- 어린 잎
- 3~5월 수확
- 무침, 볶음
- 평균 이하
- 약성 : 민간에선 약용한다.
- 꽃 : 식용 가능

닥나무

• 과명 : 뽕나무과 • 학명 : Broussonetia kazinoki • 꽃 : 5~6월 • 키 : 1~3m

닥나무

꽃

열매

뽕나무과의 닥나무는 한지를 만들 때 사용하는 식물이다. 뽕나무과 식물은 대부분 어린 잎을 나물로 먹을 수 있고 나뭇잎나물치고는 맛이 좋은 편이다. 이 가운데 닥나무 어린 잎은 맛이 가장 떨어지지만 다른 나뭇잎나물에 비해서는 먹을만 하므로 나물이 궁할 때 챙겨먹으면 좋다.

닥나무는 여러모로 뽕나무와 비슷하지만 잎을 보면 구별할 수 있다. 잎은 타원형잎과 요철형 잎이 같은 나무에서 달리므로 요철형 잎이 숨어 있나 찾아본다. 요철형 잎이 있으면 닥나무라고 할 수 있다.

요철형으로 갈라진 잎

달걀형 잎

수확한 어린 잎

참기름무침

어린 잎은 데친 뒤 나물로 무치는데 시큼한 맛과 싱싱한 맛이 있다.

비록 뽕나무과의 어린 잎 중 가장 맛이 없지만 부드러운 식감이 있기 때문에 나름대로 먹어볼 만 하다.
열매는 뽕나무열매처럼 날것으로 식용할 수 있다.

- 700m 이하 산지, 밭둑
- 어긋나기, 갈라지거나 갈라지지 않은 잎
- 어린 잎
- 4~5월 수확
- 무침, 볶음
- 평균 정도의 나물 맛
- 약성 : 비통, 타박상, 이뇨, 피부염, 서경임파선염
- 꽃 : 식용 가능, 요리 장식용

산뽕나무&뽕나무

• 과명 : 뽕나무과 • 학명 : Morus bombycis • 꽃 : 5월 • 키 : 3~8m

산뽕나무

꽃

잎

뽕나무류의 어린 잎은 대부분 맛이 좋은 편인데 산뽕나무 어린 잎이 가장 맛있다. 거의 취나물급에 속하는 향미가 있으므로 나뭇잎나물치고는 최고의 맛이라고 할 수 있다.

산뽕나무와 비슷한 나무인 뽕나무잎도 비슷한 맛을 자랑하지만 아무래도 야생에서 자생하는 산뽕나무 잎이 더 맛있는 것 같다.
어린 잎은 날것으로 섭취해도 쓴 맛이 없다. 데친 뒤 물기를 꾹 짜고 들깨양념으로 무친다.

수피

열매

수확한 어린 잎

들깨무침

연하고 보들보들한 식감이 있다. 약간의 털 질감도 느껴지는데 전체적으로 꽤 맛있다.

참취나물과는 전혀 다른 방향으로 맛있는 나물이다.

- 산지의 양지, 밭둑, 논둑
- 어긋나기, 난형, 잎 뒤의 맥에 털, 불규칙한 톱니
- 어린 잎
- 4~5월 수확
- 무침, 볶음
- 부드럽고 순하다.
- 약성 : 청열, 두통, 갈증, 충혈, 두드러기, 중풍, 각기
- 꽃 : 식용 가능

꾸지뽕나무

• 과명 : 뽕나무과 • 학명 : Cudrania tricuspidata • 꽃 : 5~6월 • 키 : 2~5m

꾸지뽕나무

열매

열매

꾸지뽕나무의 어린 잎도 산뽕나무만큼 맛있다. 잎은 닥나무처럼 갈라지지 않은 잎과 2~3개로 갈라진 요철잎이 한그루에서 달린다. 하지만 닥나무와 달리 잎의 가장자리에 톱니가 없고, 감나무잎과 닮았으나 두툼하지는 않다.

우리나라 전국의 해발 700m 이하 산지에서 자라며 농촌의 밭 주변에서 볼 수 있다.
어린 잎은 날것으로 섭취할 때 쓴 맛이 없지만 날것으로 먹기에는 식감이 좋지 않다.

수피

5월 어린 잎

수확한 어린 잎

간장무침

데쳐서 간장무침 등으로 먹는데 순하고 보들보들한 식감이 있어 꽤 맛이 좋으며, 조리법에 따라 맛을 더 상승시킬 여지가 있다.

열매는 식용 가능하고 뽕나무 열매 맛과 비슷하다.

- 전국의 산지, 야산
- 감나무잎과 비슷, 황무지에서 자란 잎은 요철이 심해진다.
- 어린 잎
- 4~5월 수확
- 무침, 볶음
- 부드럽고 순하다.
- 약성 : 학질, 월경과다, 요통, 타박상, 혈액순환
- 꽃 : 식용 가능

대팻집나무(물앉포기나무)

• 과명 : 감탕나무과 • 학명 : Ilex macropoda • 꽃 : 5~6월 • 키 : 2~15m

대팻집나무

꽃

잎

목재가 건조되어도 잘 쪼개지지 않아 대패를 만들 때 사용한 나무이다. 감탕나무과의 식물이며 충청이남의 산야에서 볼 수 있다. 감탕나무과 식물이 그렇듯 특유의 향이 있다.

잎은 어긋나지만 새 가지끝에 있는 어린 잎은 모여서 난다. 잎은 광택이 있고 특유의 잎맥이 있으므로 이 점으로 구별할 수 있다.
어린 잎은 날것으로 섭취하면 떱떠름하다. 데친 어린 잎도 다소 떱떠름한 맛이 있고 특유의 향이 있다.

어린 잎

수피

수확한 어린 잎

고추장무침

향을 없애기 위해 고추장, 다진 마늘, 쪽파, 설탕, 참기름으로 무친다. 식감은 쫀득하고 약간 떱떠름한데 그럭저럭 먹을 만하다.

감탕나무과 식물은 대개 잎을 차로 마실 수 있기 때문에 대팻집나무도 차로 우려 마실 수 있다. 그러나 맛은 썩 좋지 않다.

- 충청이남 산지
- 어긋나기, 모여나기
- 어린 잎
- 4~5월 수확
- 무침, 볶음, 차
- 떱떠름한 맛
- 약성 : 이뇨
- 꽃 : 식용 가치가 없다.

두릅나무(참두릅)

• 과명 : 두릅나무과 • 학명 : Aralia elata • 꽃 : 8~9월 • 키 : 3~4m

두릅나무

꽃

잎

두릅나무는 우리가 봄에 먹는 비싼 나물인 '참두릅'이 나오는 식용나무이다. 주로 두릅나무의 새순을 먹는다. 땅두릅과 달리 줄기나 가지끝에서 올라오는 새순을 수확한 뒤 식용한다. 산에서 두릅나무는 잎 모양과 줄기의 가시를 보면 바로 알 수 있다.

수확한 어린 순은 꼭지와 줄기에 가시가 많다. 꼭지를 칼로 돌려 따면 큰 가시를 제거할 수 있다. 작은 가시는 데치면 순이 죽으므로 사람이 식용할 수 있을 만큼 연해진다. 먹을 수 있는 크기로 꼭지부분을 십자 모양으로 쪼갠 뒤 소금물에 좀 넉넉하게 데친 뒤 초고추장에 찍어 먹는다.

두릅나무 수형

어린 가지 가시

수피 가시

또는 고추장, 된장, 참기름, 참깨, 쪽파, 마늘로 양념장을 조금 걸쭉하게 만든 뒤 무쳐먹는다.
또는 계란옷을 잎혀 튀기거나 전으로 먹기도 하는데 굴전을 먹는 듯 식감이 아주 좋다.
어린 순은 데치면 전체적으로 두툼하고 부드러운 고기 식감이 나온다.

- 산야의 양지바른 골짜기
- 2~3회 우상복엽, 어긋나기, 가지끝은 모여나기
- 어린 순
- 2~6월 수확
- 데친 것, 무침, 전
- 맛있다.
- 약성 : 혈액순환, 소염, 관절염, 신경쇠약, 간염, 당뇨, 자양강장
- 꽃 : 식용 가능, 요리 장식용

잎자루 아래 가시

6월 어린 순

5월 어린 순

꼭지를 돌려딴 어린 순

고추장된장무침

달걀전

딱총나무

• 과명 : 인동과 • 학명 : Sambucus williamsii • 꽃 : 5~6월 • 키 : 2~3m

딱총나무

잎

달걀전

인동과 특유의 향이 있는 딱총나무는 어린 순을 나물로 무쳐먹는다. 어린 잎은 설사를 유발하는 독성이 있으므로 가급적 어린 순을 채취한다. 날것으로 먹을 때의 어린 순은 특유의 향과 함께 쌉싸래한 맛이 있다. 나물로 무치거나 전으로 먹을 수 있는데 가급적 소량섭취를 원칙으로 하며, 다량 섭취하면 설사를 한다.

- 습한 골짜기의 반그늘
- 마주나기, 2~3쌍의 작은잎
- 어린 순
- 3월 수확
- 무침, 볶음, 전
- 평균적인 나물 맛
- 약성 : 진통, 구풍, 발한, 이뇨
- 꽃 : 요리 장식용

오갈피나무

• 과명 : 두릅나무과 • 학명 : Eleutherococcus sessiliflorus • 꽃 : 8~9월 • 키 : 3~4m

오갈피나무

꽃

잎

약용식물로 소문난 오갈피는 어린 잎을 나물로 먹고, 수피나 말린 잎은 차로 마시고, 뿌리껍질은 오갈피술로 만들 수 있을 만큼 식물 전체의 식용이 가능하다.

이 가운데 어린 잎은 보통 날것을 데쳐 나물로 먹고 늙은 잎은 잘 말린 뒤 가루를 내어 밀가루처럼 이용하거나 차로 마신다. 나물로 섭취할 경우 쌉싸래한 맛을 보여준다.

어린 잎은 날것 일 때 매우 쓰고 쌉싸래하다. 데쳐도 마찬가지이므로 데친 뒤 3번 정도 찬물로 우려내고 나물로 무친다.

4월 어린 잎

수확한 어린 잎

오갈피잎 볶음밥

오갈피 무침

나물을 무칠 때 쓴맛을 없애기 위해 설탕 등을 가미한다.

볶음밥 등 다양한 방식으로 섭취할 수 있는데 조금 쌉싸래한 맛으로 즐길 수 있는 무난한 나물이다.

- 전국의 산야, 숲속
- 어긋나기, 3~5개로 갈라진 잎
- 어린 잎, 어린 순
- 4~5월 수확
- 무침, 볶음, 술, 차
- 무난한 맛
- 약성 : 피부병, 강장, 항염증, 혈액순환, 피로, 진통
- 꽃 : 식용하기가 좀 어렵다.

음나무(엄나무, 개두릅)

• 과명 : 두릅나무과 • 학명 : Kalopanax septemlobus • 꽃 : 7~8월 • 키 : 25m

음나무

꽃과 열매

잎

25m 높이까지 자라는 음나무는 어린 순을 채취해 식용한다. 봄이면 줄기나 가지옆에서 어린 순이 올라오는데 이 어린 순을 두릅처럼 수확해 식용한다. 두릅에 비해 맛이 조금 덜하고 특유의 향이 있어 '개두릅'이라고도 말하지만, 최근들어 재배농가가 늘어나면서 '음나무순'이라고 시장에서 판매하기도 한다.

어린 순은 어린 줄기 옆에서 자란다. 어린 순을 잘라 밑꼭지의 가시를 잘라낸 뒤 물에 충분히 데치고 3번 정도 찬물에 우려낸다.

어린 순

수확한 어린 순

고추장무침

간장장아찌

특유의 향이 있으므로 데친 것을 고추장에 찍어먹지 않고 다시 조리해서 식용한다.
향을 무마시키기 위해 고추장무침이나 장아찌로 먹는다.
고추장으로 무칠 경우 쌈박한 열무김치 비슷한 식감이 나오고 향은 초피향과 비슷하다.
장아찌로 담글 경우 3~4일 숙성하면 향이 사라지므로 쌈박하게 먹을 수 있다.

- 강원도, 전라북도 높은산
- 어긋나기, 5~9개로 갈라진 모양
- 어린 순
- 4월 수확
- 무침, 장아찌, 튀김, 생채
- 봄에 시중에서 판매한다.
- 약성 : 혈액순환, 근육통, 악창, 관절염, 옴, 살충
- 꽃 : 식용 가능, 요리 장식용

참죽나무(참중나무)

• 과명 : 멀구슬나무과 • 학명 : Cedrela sinensis • 꽃 : 6~7월 • 키 : 30m

참죽나무

열매

잎

가죽나무잎 하단부 귀

참죽나무는 가죽나무(가중나무)와 비슷하다. 가죽나무는 도시의 뒷산에서도 흔히 볼 수 있는데 잎의 하단부가 귀처럼 튀어나와 있으므로 참죽나무와 구별할 수 있다.

참죽나무의 어린 순은 두릅처럼 식용하는데 음나무 순에 비해 더 좋지 않은 냄새가 난다.

수피

어린 순

수확한 어린 순

고추장무침

데쳐서 2~3회 꾹 짜내도 냄새가 사라지지 않으므로 고추장으로 무치거나 장아찌로 먹는다.

식감은 부드럽고 쫀득하고 맛깔스럽다. 엄나무 새순인 개두릅과 같은 방식으로 식용할 수 있지만 과다 섭취하면 의식을 잃을 수 있다.

- 해발 600m 이하 산지
- 어긋나기, 10~20개의 작은 잎
- 어린 순
- 4~5월 수확
- 무침, 장아찌, 생채, 튀김
- 봄에 시중에서 판매한다.
- 약성 : 해독, 소염, 살충, 머리버짐, 이질, 장염
- 꽃 : 식용 가능

두충

• 과명 : 두충과 • 학명 : Eucommia ulmoides • 꽃 : 4~5월 • 키 : 15m

두충나무

꽃

잎

흔히 두충나무라고 알려져 있지만 정식명칭은 '두충' 이다. 중국에서 약용 목적으로 들어온 귀화식물이며 재배한 것이 야생화되었다.

두충의 어린 잎은 식용이 가능하나 나물로 먹기 보다는 차로 우려마시는 경우가 많다. 감태나무차보다는 못하지만 매우 특이한 향이 있어 즐겨 마실만 하다.
두충차는 4~5월경 수확한 어린 잎을 바로 우려먹는다.
첫 인상은 꽤 맛있는 차라는 느낌인데 다소 시큼한 맛이 난다.

수피

어린 잎

수확한 어린 잎

두충나무차

충분히 우려내면 시큼한 맛이 점차 사라지고 다소 떫은 맛과 현미차 비슷한 맛이 생긴다.

특유의 향이 있지만 몸과 마음을 정화시키는 효능이 있고, 성적 욕망을 야기하는 최음제로서의 효능도 있다.

- 강원, 경기, 충북, 경북
- 마주나기
- 어린 잎
- 4~6월 수확
- 차
- 먹을만 하다.
- 약성 : 진통, 최음, 고혈압, 보신, 뼈를 튼튼히 한다.
- 꽃 : 식용 하기가 어렵다.

물개암나무 & 개암나무

• 과명 : 자작나무과 • 학명 : Corylus sieboldiana • 꽃 : 3월 • 키 : 2~5m

물개암나무

꽃

잎

개암나무 어린 잎은 국내에서 식용한 기록이 없으나 열매를 식용하므로 어린 잎도 식용가능하다고 보고 있다. 오히려 느티나무 어린 잎보다 맛이 있으므로 구미가 당길 때 어린 잎을 채취해 나물로 무쳐서 먹으면 좋다.

개암나무, 물개암나무, 병물개암나무 등 자작나무과의 나무들은 알려진 독성이 없고 오히려 몸에 좋은 성분이 많은 나무들이다. 따라서 필자는 자작나무과의 어린 잎들도 모두 식용 가능하다고 판단하고 있고 조리법에 따라 일반적인 나물보다 더 맛있게 먹을 수 있다고 보고 있다.

물개암나무의 어린 잎은 날것으로 먹으면 종이를 씹는 것 같고 매우 쓰다.

수피

개암나무잎

수확한 어린 잎

고추장볶음

한번 데쳐도 꽤 쓰기 때문에 여러번 찬 물에 우려낸 후 나물로 무친다.
고추장을 묽게 해서 볶는데 식감이 부드럽고 푹신푹신해서 싱아 잎과 비슷하나 싱아의 신맛은 빠져 있다.

잎줄기는 데쳐도 딱딱하므로 잎줄기를 제거하고 데친다. 요즘 인기있는 콩과 식물의 어린 잎보다 오히려 더 맛있다.

- 전국의 산지, 양지, 숲
- 넓은 도란형
- 어린 잎, 어린 순
- 3~8월 수확
- 무침, 볶음
- 부드럽고 푹신한 식감
- 약성 : 충혈, 식욕부진, 위액분비촉진, 신염부종
- 꽃 : 식용 및 약용 가능

박쥐나무

• 과명 : 박쥐나무과 • 학명 : Alangium platanifolium • 꽃 : 5~7월 • 키 : 2~4m

박쥐나무

꽃

잎

박쥐나무는 잎의 생김새가 박쥐날개처럼 생겼으므로 산에서도 쉽게 구별할 수 있다. 새순과 어린 잎은 공처럼 말려있는 상태로 자라는데 말린 잎을 펼치면 박쥐날개와 비슷하게 생겼다.

어린 순과 잎은 4월경 채취해야 하며 5월을 넘어서면 금새 큰 잎으로 자라 식용가치가 없다.
어린 잎은 날것으로 먹을 때 텁텁하고 씁쓸하고 푹신푹신한 식감이 있다. 한번 데쳐서 2번 정도 찬물에 우려내고 초고추장이나 고추장, 된장으로 무친다.

열매

4월 어린 잎

수확한 어린 잎

초고추장무침

나물의 식감은 폭신폭신하고 약간 떫은 맛과 씁쓸한 맛이 조금 남아 있다.

묵나물로 만들지 않았음에도 묵나물을 먹는 듯한 식감이 있다.

- 중부이북의 산지
- 어긋나기, 3~5개로 갈라진 모양
- 어린 잎
- 4월 수확
- 무침, 볶음
- 평균 이하의 나물맛
- 약성 : 살충, 타박상, 두통
- 꽃 : 식용 가능, 요리 장식용

참조팝나무

• 과명 : 장미과 • 학명 : Spiraea fritschiana • 꽃 : 5~6월 • 키 : 1.5m

참조팝나무

꽃

잎차례

장미과의 조팝나무는 대부분 어린 잎을 식용할 수 있다. 이 가운데 참조팝나무는 잎이 가장 크기 때문에 식용할 부위가 많은 편이다.

잎은 어긋나고, 타원형이거나 장타원형이고, 난상 장타원형이다. 가장자리의 톱니는 단거치가 있거나 복거치가 있다. 잎에는 털이 없거나 거의 없으므로 이런 점으로 다른 조팝나무와 구별할 수 있다.
어린 잎은 날것으로 먹을 때 다소 쓴맛이 난다. 데치면 조금 단맛이 우러나오므로 나물로 식용할 수 있다.

잎

조팝나무

수확한 어린 잎

참조팝나무 무침

나물은 나름대로 먹을만 하나 인상적인 맛은 아니다.

우리나라 특산식물이므로 채취하기 보다는 키워서 먹는다.

- 중부이북의 높은 산
- 어긋나기, 장타원형
- 어린 잎
- 4~5월 수확
- 무침, 볶음
- 평균치 미달 나물 맛
- 약성 : 해열, 대하, 설사, 수렴
- 꽃 : 식용하기가 좀 어렵다.

찔레꽃

• 과명 : 장미과 • 학명 : Rosa multiflora • 꽃 : 5~6월 • 키 : 2m

찔레꽃

꽃

잎

찔레꽃은 어린 순을 찔레순이라고 하며 날것으로 따먹기도 한다. 어린 순 만나기가 만만치 않으므로 어린 잎이나 부드러운 잎을 채취해 식용하는데 장미과 식물에서 맛보는 비슷한 맛이 나온다.

찔레의 어린 잎을 채취할 때는 가시가 없는 부드러운 잎 위주로 채취한다. 찔레는 주택가 화단이나 공원에서도 흔히 기르기 때문에 잎을 채취하는 것은 어렵지 않다.
가시없는 줄기는 나중에 데치면 쫄깃한 식감이 있어 먹을만 하다.

열매

5월 어린 잎

수확한 어린 잎

고추장무침

가시 있는 줄기는 데쳐도 가시가 남아 있어 식용이 불가능하다.

따라서 어린잎을 채취할 때는 잎줄기도 제대로 부드럽게 생긴 것을 채취하는 것이 좋다.
식감은 약간 두툼하게 씹히고 먹을만하다.

- 전국의 산지
- 어긋나기, 5~9개의 작은잎
- 어린 순, 어린 잎
- 4~5월 수확
- 무침, 볶음
- 평균적인 나물 맛
- 약성 : 해독, 이뇨, 관절염, 당뇨, 월경불순, 이질, 마비
- 꽃 : 식용 가능, 요리 장식용

차나무

• 과명 : 차나무과 • 학명 : Camellia sinensis • 꽃 : 10~11월 • 키 : 1~8m

차나무

꽃

잎

차나무는 어린 잎을 식용할 수 있으나 식감이 두툼하고 맛이 그다지 좋지 않다. 따라서 덖음된 차잎을 차로 우려마신 뒤, 우려마신 차잎을 햇볕에 잘 말리고, 이것을 각종 요리로 볶아먹는다. 말하자면 우려낸 찻잎을 버리지 않고 나물로 재활용하는 셈인데, 이게 참 맛이 좋다.

일단 시중에서 덖음된 차를 한봉지 구입한다. 이것으로 차를 우려마신 뒤 우려마신 찻잎을 모아 햇볕에 잘 말린다.

열매

어린 잎

참기름볶음

우려낸 찻잎 멸치볶음

그 후 멸치볶음같은 반찬을 만들 때 말린 찻잎을 물에 풀어 함께 볶는다.

설탕이나 양념을 가미하면 찻잎에 스며들어 고소한 향미가 나온다.

- 전국에서 재배한다.
- 남부지방에서는 자생한다.
- 어긋나기
- 어린 잎
- 연중수확
- 우려낸 찻잎 볶음
- 볶음이 맛있다.
- 약성 : 이뇨, 해독, 두통, 흐릿한 눈, 담을 삭히는 효능
- 꽃 : 식용 가능, 요리 장식용

초피나무

• 과명 : 운향과 • 학명 : Zanthoxylum piperitum • 꽃 : 5~6월 • 키 : 1~3m

꽃

초피나무

잎

초피나무의 어린 잎은 식용 가능하지만 나물로써 섭취하는 것이 아니라 각종 음식의 살균 목적으로 식용한다. 예를 들어 초피가루(산초)를 넣어야 할 음식을 만들고 있다면, 초피가루 대신 초피나무 어린잎을 넣어도 되는데 초피와 똑같은 향이 나온다. 생선찌개나 추어탕을 끓일 때 딱 좋다.

註) 추어탕집의 산초 향료는 산초가 아닌 초피 열매로 만든다. 초피나무는 줄기의 가시가 마주난다. 산초나무는 줄기의 가시가 어긋나므로 구별할 수 있다.

초피나무 어린 잎은 한번 데친 후 초피가루가 필요한 국물 맛을 낼 때 사용한다. 초피향이 매우 강하므로 찌게 하나당 줄기 하나만 넣어도 효과 만점이다.

왕초피나무 꽃

마주난 가시

초피 어린 잎 간장절임

찌게에 넣은 초피 어린 잎

데친 것은 간장에 버무려 먹어도 되지만 초피향이 매우 강하므로 약초라고 생각하고 먹는다. 잎줄기의 잔가시는 푹 데친 경우 무난하게 씹을 수 있지만 조심하는 것이 좋다.

- 경기도 외 전국의 산
- 어긋나기, 10쌍 내외의 잎
- 어린 순, 어린 잎
- 3~8월 수확
- 장아찌, 간장무침
- 초피향이 강하다.
- 약성 : 근육의 쥐, 각기병, 옻독, 전염성피부병
- 꽃 : 식용 가능

팽나무

• 과명 : 느릅나무과 • 학명 : Celtis sinensis • 꽃 : 4~5월 • 키 : 20m

팽나무

꽃

잎

팽나무는 전국에서 자생하지만 남부지방에서 특히 많이 볼 수 있다. 예로부터 당산목으로 즐겨 심었기 때문에 남부지방에 가면 마을광장에 당산목으로 심은 것도 흔할 뿐 아니라 농가에서 관상수로 심은 것도 심심치 않게 볼 수 있다.

잎은 측맥이 3~4쌍 있고, 잎의 좌우가 약간 비대칭 형태이므로 잎을 보면 금방 알아볼 수 있다.

팽나무의 어린 잎은 떫은 맛이 있으므로 데친 뒤 나물로 무친다.

수피

열매

수확한 어린 잎

고추장무침

물에 데쳐도 떫은 맛은 조금 남아 있다.

고추장, 설탕, 참깨, 쪽파, 마늘, 참기름으로 무치면 식감이 부드럽고 씹는 맛도 있다. 봄을 연상하며 먹기에 참 좋다.

- 전국의 산지, 남부지방에 특히 많다
- 어긋나기, 잎의 좌우가 비대칭 형태
- 어린 잎
- 3~5월 수확
- 무침, 볶음
- 부드러운 맛
- 약성 : 옻독, 폐농양, 월경과다
- 꽃 : 식용하기엔 너무 작다.

화살나무(홑잎나물)

• 과명 : 노박덩굴과 • 학명 : Euonymus alatus • 꽃 : 5~6월 • 키 : 3~4m

화살나무

꽃

줄기

화살나무는 줄기에 화살촉처럼 날개가 있다고 하여 붙은 이름이다. 어린 잎은 홑잎나물이라고 부르며 봄에 시장에서 팔기도 한다.

이른 봄 화살나무에서 어린 잎을 3번 수확하면 부지런한 며느리라고 칭찬받는다는 전설이 있듯, 어린 잎을 따는 것이 만만치만은 않다.

화살나무의 어린 잎은 날것으로 먹어도 별로 쓰지 않다.
데친 뒤 한번 우려내고 나물로 무친다.

화살나무 여름잎

화살나무 어린 잎

수확한 어린 잎

화살나무 어린 잎 간장무침

참기름, 소금, 설탕, 마늘, 쪽파, 참깨로 버무리는데 식감이 상큼하고 독성이 없다.

부담이 없을 뿐더러 맛있게 먹을 수 있는 나물이다. 봄에 전통시장에서 홑잎나물이라며 판매한다.

- 전국의 산지
- 마주나기, 어린 줄기에 날개
- 어린 잎
- 4~5월 수확
- 무침, 볶음
- 순하고 맛있다.
- 약성 : 월경불순, 복통, 구충 몸의 나쁜 피를 없앤다.
- 꽃 : 식용 가능, 요리 장식용

회잎나무

• 과명 : 노박덩굴과 • 학명 : Euonymus alatus • 꽃 : 5~6월 • 키 : 3m

회잎나무

꽃

잎

화살나무와 거의 비슷하게 생긴 나무이다. 굵은 줄기에만 날개가 있고 어린 줄기에는 날개가 없으므로 이점으로 구별할 수 있다.

어린잎은 화살나무처럼 식용할 수 있고, 이 때문에 홑잎나물로 혼동하는 경우도 있다.

열매

어린 잎

수확한 어린 잎

고추가루범벅무침

날것으로 섭취한 어린 잎은 약간 질긴 식감이 있다.

잎자루에 달린 줄기는 데친 후 억세지므로 자잘한 줄기를 모두 제거한 뒤 데친다.

- 전국의 산야
- 마주나기, 굵은 줄기에 날개
- 어린 잎
- 4~5월 수확
- 무침, 볶음
- 먹을만 하다.
- 약성 : 중풍, 지혈, 월경불순
- 꽃 : 식용 가능, 요리 장식용

댕강나무(멸종 위기 종)

• 과명 : 인동과 • 학명 : Abelia mosanensis • 꽃 : 5~6월 • 키 : 2m

댕강나무

꽃

여름잎

인동과 나무들도 특유의 향이 있고 댕강나무 또한 향이 있지만 비교적 좋은 향이다. 꽃의 향기가 좋아 '꽃댕강나무' 같은 품종은 조경수로 널리 활용되고 있다.

이 가운데 댕강나무는 멸종위기식물이므로 산에서 채취하기 보다는 키워서 먹는다. 어린 잎을 훑을 때 댕강나무 줄기에서 숯검댕이가 묻으므로 조심하는 것이 좋다. 잎을 훑을 때 꼭지까지 채취되는데 꼭지는 데쳐도 딱딱하므로 데치기 전 제거하는 것이 좋다.

어린 잎은 날것으로 먹을 때 매우 쓴 맛이 난다. 데쳐서 한번 짜내고 30분 정

수피

어린 잎

수확한 어린 잎

초고추장무침

도 찬물에 우려낸 뒤 2~3번 충분히 짜낸다. 고추장, 설탕, 참깨, 참기름, 마늘, 쪽파로 버무린다.

맛은 쓴 미나리와 비슷하다. 약간 텁텁하고 고소한 식미도 느껴진다. 양념을 충분히 하면 그럭저럭 먹을만한 나물이다.

- 충북 단양, 멸종위기종
- 마주나기, 잎 양끝이 좁다.
- 어린 잎
- 4월 수확
- 무침, 볶음
- 쓴 미나리맛
- 약성 : 약용 기록이 없다.
- 꽃 : 요리 장식용

매자나무(특산식물)

• 과명 : 매자나무과 • 학명 : Berberis koreana • 꽃 : 5월 • 키 : 3m

매자나무

꽃

잎

중부이북에서 자라는 매자나무는 우리나라 특산식물이므로 가급적 키워서 먹는다.
산지의 양지바른 곳에서 볼 수 있고 4월경 어린잎을 채취할 수 있는데 손가락으로 줄기를 훑으면 꼭지나 줄기까지 채취되므로 어린 잎을 일일이 따는 것이 좋다.

어린 잎은 날것으로 먹을 때 약간 쓰고 약간 떱떠름한 맛이 있다.
한번 데쳐서 두어번 짜내고 고추장이나 된장으로 무친다.

열매

4월 어린 잎

수확한 어린 잎

고추장무침

향미적으로 보면 일반적인 나물보다는 못하므로 굳이 따먹을 필요가 없을 것 같다.

혹은 약용이 우수하므로 약초라고 생각하고 즐긴다.

- 중부이북의 산지
- 모여나기, 주걱형, 타원형, 혁질, 불규칙한 톱니
- 어린 잎
- 4월 수확
- 무침, 볶음
- 평균 이하 나물맛
- 약성 : 해독, 청열, 소염, 폐렴, 장염, 이질, 황달, 결막염
- 꽃 : 식용 가능, 요리장식용

다래덩굴

• 과명 : 노박덩굴과　• 학명 : Actinidia arguta　• 꽃 : 5월　• 길이 : 20m

다래덩굴

꽃

열매

다래는 20m 길이로 자라는 덩굴식물로 어린 잎을 나물로 섭취할 수 있다. 열매 또한 식용할 수 있어 날것으로 먹거나 잼, 술로 담가먹는다.
때때로 노박덩굴이나 푼지나무와 구별이 안 되기도 하는데 잎자루가 빨간색이고, 잎이 두터운 편이므로 이 점으로 구별할 수 있다.

어린 잎은 4월경 채취하지만, 4월말이면 농산물시장에서 판매하기도 한다.
어린잎은 데친 뒤 꾹 짜내고 나물로 무친다.
쓴 맛이 없으므로 간장, 참기름, 소금, 쪽파, 마늘로 무친다.

성숙한 잎

어린 잎

수확한 어린 잎

간장무침

나물의 식감은 연하고 순할 뿐 아니라 쫄깃하고 맛이 좋다.

가을에 수확한 열매는 날것으로 식용하거나 술, 잼을 만들어 먹는다. 꽃은 암수딴그루이고 식용이 가능하다.

- 전국의 깊은 산
- 어긋나기, 날카로운 톱니
- 어린 잎
- 4~5월 수확
- 무침 / 열매(술, 잼, 식용)
- 연하고 쫄깃한 맛
- 약성 : 청열, 이습, 구토, 황달, 소화불량, 관절통, 젖의 부족
- 꽃 : 식용 가능, 요리 장식용

칡

• 과명 : 콩과 • 학명 : Pueraria lobata • 꽃 : 7~8월 • 키 : 10m

칡

꽃

잎차례

칡 덩굴은 어디에서나 볼 수 있을 정도로 흔한 덩굴식물이다.
최근들어 콩과 식물의 잎에 영양성분이 많다고 하여 어린 잎을 먹는 붐이 일어나고 있는데 칡 또한 어린 잎을 먹어볼만 하다.

대부분의 콩과식물은 밭에서 재배하기 때문에 주변에서 흔히 구할 수 있는 칡 어린 잎을 먹어보는 것도 좋다는 생각이 든다. 칡은 도시의 초등학교 뒷동산에서도 흔하게 볼 수 있으므로 어린 잎의 채취가 쉬운 편이다.
칡의 어린 잎은 날것으로 먹으면 매우 쓴 맛이 난다.

칡의 꽃이 피기 전 모습

잎

수확한 어린 잎

칡잎 들깨참기름볶음

가급적 최대한 어린잎을 수확해 나물로 먹는다.
한번 푹 삶은 뒤 3번 정도 우려내고 쓴맛을 줄이기 위해 참기름 등으로 볶는다.

식감은 중,하급 취나물볶음과 비슷하고 쌉싸래한 맛이 나므로 때때로 먹어볼만 하다.

- 전국의 산야
- 어긋나기, 3출복엽
- 어린 잎
- 5~7월 수확
- 무침, 볶음
- 중, 하급 취나물 맛
- 약성 : 식욕부진, 술을 깨게 한다. 꽃의 약용 효능이 더 좋다.
- 꽃 : 식용 가능, 요리 장식용

으름덩굴

• 과명 : 으름덩굴과 • 학명 : Akebia quinata • 꽃 : 4~5월 • 키 : 5m

으름덩굴

꽃

잎

으름덩굴은 열매를 식용하는 덩굴식물이지만 어린 잎도 식용이 가능하다. 가급적 어린 순을 채취하되 시기를 놓치면 어린 잎을 채취한다.
어린 순은 샐러드, 차, 절임으로 먹을 수 있을 정도로 쓴맛이 없지만 꽃이 필 무렵 채취한 어린잎은 매우 쓰다. 따라서 꽃이 필 무렵 채취한 어린 잎을 식용할 경우에는 1~2일 우려낸 뒤 조리를 잘해 쓴맛을 무마시킨다. 그럴 경우 고소한 맛으로 즐길 수 있다.
어린 잎을 채취한 경우 한번 푹 데친 후 1일 정도 우려낸다.
1일 정도 우려내도 쓴 맛이 많기 때문에 묵나물로 만드는 것도 좋다.

열매

수확한 어린 잎

들깨참기름볶음

들깨가루, 참기름으로 볶으면 쓴맛이 조금 제거되고 고소하게 먹을 수 있다.

열매는 날것으로 식용하는데 약용성분이 매우 탁월한 편이다. 꽃은 식용하기가 거북하지만 약간 시큼하고 매운 맛이 난다.

- 해발 1300m 이하 산지
- 어긋나기, 모여나기
  5~7개의 작은 잎
- 어린 순, 어린 잎
- 3~4월 수확
- 볶음, 무침, 샐러드, 차
- 고소하다.
- 약성 : 혈액순환, 부종, 빈뇨, 흐린 소변, 늑막염, 탈장
- 꽃 : 식용 가능, 요리 장식용

미역줄나무(미역 순나물)

• 과명 : 노박덩굴과 • 학명 : Tripterygium regelii • 꽃 : 6~7월 • 키 : 2m

미역줄나무

성숙한 잎

미역줄나무

간장무침

미역줄나무는 전국에서 자생하지만 설악산이나 지리산 같은 높은 산의 정상 부근에서 많이 볼 수 있다.
약간의 독성이 있으므로 가급적 어린 순을 채취해 식용한다.
채취한 어린 순도 장시간 우려낸 뒤 나물로 무치는 것이 좋다.

- 높은 산 정상 부근
- 어긋나기
- 어린 순
- 4~5월 수확
- 무침, 볶음
- 평균적인 맛
- 약성 : 살충, 해독, 소염, 항백혈병 성분 함유
- 꽃 : 식용 가치가 없다.

다섯번째. Part

산나물로 자주 오인하는 독성식물

박새

• 과명 : 백합과 • 학명 : Veratrum oxysepalum • 꽃 : 6~7월 • 키 : 1.5m

박새

3월 어린 잎

4월 어린 잎

이른 봄 산에서 '산마늘'로 오인하고 먹게 되는 유독식물이다. 전국의 깊은 산 습한 곳에서 이른 봄이면 수두룩하게 볼 수 있다. 군락을 이루는 경향이 많으므로 섭취를 반드시 피한다.

사약의 원료로 사용된 식물이다.

5월 어린 잎

여로

• 과명 : 백합과 • 학명 : Veratrum maackii • 꽃 : 7~8월 • 키 : 0.6~1m

여로

3월 어린 잎

5월 어린 잎

박새처럼 사약의 원료로 사용된 유독식물이다. 3월경 볼 수 있는 어린 잎이 '산마늘'이나 '비비추'의 순으로 오인된다.

잎이 박새에 비해 가늘게 자라지만 꽃은 박새의 꽃과 비슷하다. 산의 풀밭에서 볼 수 있다.

꽃

은방울꽃

• 과명 : 백합과 • 학명 : Convallaria keiskei • 꽃 : 4~5월 • 키 : 25~40cm

은방울꽃

4월 초순 새순

4월 말 어린 잎

전국의 산에서 볼 수 있는 유독식물이다.

4월 어린 잎이 '산마늘' 이나 '둥굴레' 로 오인되어 섭취하는데 호흡곤란으로 즉사할 수도 있다.

꽃

삿갓나물

• 과명 : 백합과 • 학명 : Paris verticillata • 꽃 : 6~7월 • 키 : 20~40cm

삿갓나물

3월말 어린 순

4월초 어린 잎

이른 봄에 '우산나물' 이나 '단풍취' 의 어린 잎으로 오인하고 식용하는 독성식물이다.

자세히 보면 어린 잎의 위쪽에 우산 꼭지처럼 튀어나온 부분이 있으므로 구별할 수 있다. 전국의 산에서 볼 수 있다.

4월중순 어린 잎

동의나물

• 과명 : 미나리아재비과 • 학명 : Caltha palustris • 꽃 : 4~5월 • 키 : 60cm

동의나물

잎

꽃

이른 봄 어린 잎을 '곰취' 잎이나 '곤달비' 잎으로 오인하고 식용하는 독성식물이다. 산지의 물가나 습지 부근에서 볼 수 있다.

곰취나 곤달비와 다르게 잎이 무성하게 달리므로 일단 구별할 수 있다. 또한 잎 가장자리를 확대하면 위쪽 톱니는 곡선형이고, 좌우톱니는 뾰족하고 날카롭다.

곰취나 곤달비의 톱니는 곡선형 톱니가 섞여 있지 않으므로 구별할 수 있다.

애기나리

• 과명 : 백합과 • 학명 : Brachybotrys paridiformis • 꽃 : 5~6월 • 키 : 20~40cm

애기나리

꽃

잎

민간에서는 어린 순을 식용하기도 한다. 이 때문에 어린 잎까지 채취해 식용하기도 한다. 어린 순과 어린 잎은 완전히 다른 개념이므로 어린 순 식용 나물인 경우에는 반드시 어린 순을 식용해야 하며, 어린 잎까지 식용을 시도하지 않는 것이 좋다. 애기나리 어린 잎은 풀솜대, 둥굴래와 비슷하므로 풀솜대와 둥굴래를 채취할 경우 애기나리인지 확인하는 작업이 필요하다.

풀솜대 어린 잎은 날것으로 먹어도 먹을 만 하고, 둥글레 어린 잎은 날것으로 먹을 때 별다른 맛이 나지 않는다. 애기나리 어린 잎은 날것을 먹으면 바로 좋지않은 독성이 느껴진다.

금낭화

• 과명 : 현호색과 • 학명 : Dicentra spectabilis • 꽃 : 5~6월 • 키 : 50cm

금낭화

잎

어린 순

금낭화는 어린 순의 식용이 가능하다고 알려져있고 식용하는 경우도 많으나 대게 며칠 동안 우려낸 뒤 식용해야 한다.
어린 순과 달리 어린 잎은 독성이 매우 심해 식용할 수 없다.

어린 잎의 경우 데친 뒤 3일 정도 우려도 독성이 계속 잔존하고 있다.
금낭화는 중부지역의 산에서 자생한다.

냉초

• 과명 : 현삼과 • 학명 : Veronicastrum sibiricum • 꽃 : 7~8월 • 키 : 1m

냉초

어린 순

냉초의 경우 민간에서 어린 순을 식용한다고 알려져 있으나 어린 순도 독성이 심하다.

어린 순을 데친 뒤 3일 정도 우려도 잔존하는 독성이 계속 남아 있다. 어린 순의 식용이 불가능하므로, 약용할 경우 법제화한 뒤 약용한다.

눈개승마(삼나물)

• 과명 : 장미과 • 학명 : Aruncus dioicus • 꽃 : 6~8월 • 키 : 0.3~1m

눈개승마

꽃

잎

장미과 식물 중 '승마' 라는 이름이 붙은 식물은 때때로 독성이 있는 식물들이 포함되어 있다.

눈개승마는 쇠고기맛이 난다고 하여 나물애호가들에게 인기있는 식물이다. 반드시 어린 순을 먹어야 하며, 먹더라도 묵나물로 만든 뒤 식용해야 한다. 착각하고 어린 순이 아닌 어린 잎을 데쳐 먹는 경우도 있는데 어린 잎에는 독성이 있다. 잎에 함유된 식물독은 청산글리코시드(cyanogenic glycoside) 성분이므로 잎의 식용은 피한다. 눈개승마를 식용하고 싶다면 가급적 어린 순을 묵나물로 만든 뒤 식용한다.

여섯번째. Part

멸종위기식물 중 나물로써 부가가치가 있는 식물

산마늘(멸종 위기 종)

• 과명 : 백합과 • 학명 : Allium microdictyon • 꽃 : 5~7월 • 키 : 40cm

산마늘

꽃

산마늘 어린 순

어린 순이 성장한 모습

이른 봄 높은 산에서 산나물을 캐먹다가 중독사건이 종종 발생하는데 보통 산마늘인줄 알고 따먹다가 벌어지는 일이다. 그러므로 봄에 산에서 중독사건이 벌어지면 대개 산마늘로 잘못 알고 따먹다 벌어지는 일이라고 할 수 있다.
산마늘의 어린 잎은 박새, 여로, 은방울꽃 어린 잎과 비슷하므로 산에서 따먹을 경우 충분한 식별능력이 있어야 한다. 독성식물인 박새, 여로, 은방울꽃에 대해서는 앞의 독성식물편을 참고한다.
어린 잎은 아싸한 마늘향이 나므로 쌈으로 먹으면 좋다. 데쳐서 나물로 무치면 졸깃하지만 매우 두터운 식감이 있고 마늘 향이 많이 사라지므로 권장하지 않는다.

더 성장한 어린 순

어린 잎으로 성장한 모습

소금무침

장아찌

조금 성숙한 잎은 장아찌로 먹는 것이 좋은데 데쳐서 담그거나 생잎을 담근다. 데친 잎은 3일 정도 지나면 충분히 삭힌 맛이 나면서 두터운 깻잎장아찌 같은 식감이 있다. 멸종위기식물이므로 산나물 전문 음식점의 경우 키워 먹는 경우가 많다.

- 강원도, 울릉도, 산청
- 어린잎이 2~5개씩 난다.
- 어린 잎, 어린 순
- 2~4월 수확
- 장아찌, 쌈, 무침
- 장아찌가 맛있다.
- 약성 : 건위, 감기, 해독
- 꽃 : 식용가능, 요리 장식용

삼지구엽초(음양곽)

• 과명 : 매자나무과 • 학명 : Epimedium koreanum • 꽃 : 4~5월 • 키 : 30cm

삼지구엽초

꽃

성숙한 잎

매자나무과 식물은 특유의 향이 있는데 삼지구엽초는 그 향이 한약 냄새와 비슷해 거부감이 없다. 양이 이 풀을 먹고 교미 횟수가 늘어났다는 이야기가 있듯 실제 이 식물에는 정력증강에 좋은 성분이 함유되어 있다. 이 때문에 무단으로 채취하는 사람이 많아 멸종위기식물로 지정되었다.
삼지구엽초 좋다는 이야기는 누구나 아는 이야기이므로 대량증식법을 개발한 뒤 고급 산나물로 판매하는 것도 생각해볼만 하다.
어린 잎은 꽃이 피기 전 채취하거나 꽃이 피어있을 때 꽃과 함께 채취한다.
어린 잎은 날것으로 먹을 때 조금 쓰기 때문에 데쳐서 무치고 꽃은 아삭하므

어린 잎

어린 순

고추장무침

차

로 그냥 생식한다. 데친 잎을 고추장, 들깨, 다진 마늘에 설탕을 조금 과도하게 넣고 무치면 맛이 좋은 한약을 먹는 향미가 있다.

잎과 꽃을 차로 마시면 약간 쓴 녹차 향미가 난다. 차에 꿀을 곁들이는 것이 좋다.

- 경기도와 강원도의 산
- 잎줄기가 3개로 갈라진 뒤 각각 작은잎 3개씩 달린다.
- 어린 잎, 꽃
- 4~5월 수확
- 볶음, 무침, 차
- 맛좋은 한약재 맛
- 약성 : 발기불능, 불임, 권태, 최음, 강장, 반신불수, 허리무릎에 힘없는 증상
- 꽃 : 식용 가능, 요리 장식용

께묵(멸종위기종)

• 과명 : 국화과 • 학명 : Hololeion maximowiczii • 꽃 : 8~10월 • 키 : 0.5~1m

께묵

꽃

줄기 잎

께묵은 4월 말경 잎이 올라오고 9월에 꽃이 핀다. 꽃은 씀바귀나 고들빼기와 비슷하나 줄기가 1m 내외로 자라고, 잎이 줄 모양이므로 쉽게 구별할 수 있다. 뿌리에서 올라온 잎은 긴 타원형이거나 긴 주걱모양이다.

흔히 씀바귀보다 맛이 좋다고 하여 무단채취하는 경우가 많아 멸종위기식물로 지정되었다. 어린 잎은 생채로도 먹을 만 하고 뿌리는 씀바귀처럼 무칠 수 있다. 멸종위기식물이므로 인공증식법을 연구한 뒤 나물로 판매하는 것이 좋을 것 같다.

께묵의 뿌리 잎은 약간의 쓴 맛이 있으나 거의 느껴지지 않는다. 줄기 잎도 쓴

5월초 뿌리잎

5월중순 뿌리잎

초고추장무침

맛이 거의 안 느껴지므로 생식이 가능하나 뒷 맛이 좀 쓰다.
한번 데쳐서 두어 번 정도 찬물에 짜내고 초고추장과 다진 마늘, 참깨로 간단하게 무친다.
쌉싸래한 맛이 씀바귀보다 순하고 야들야들하다.

- 전라도를 제외한 습지
- 긴 피침형, 줄 모양
- 어린 잎, 뿌리
- 4~5월 수확
- 무침, 생채
- 쌉싸래한 한약재 맛
- 약성 : 약용 기록이 없다.
- 꽃 : 식용가능, 요리 장식용

갯취(특산식물, 멸종위기종)

• 과명 : 국화과 • 학명 : Ligularia taquetii • 꽃 : 6~7월 • 키 : 1m

갯취

수확한 어린 잎

들깨볶음

우리나라 특산식물이자 멸종위기식물이다. 은근히 맛있으므로 몰래 채취하는 사람이 많다. 잎은 날것으로 먹을 때 매우 쓰므로 데친 후 찬물에 3번 정도 꾹 짜고 나물로 무친다. 곰취와 거의 비슷한 향미를 제공하는 맛있는 나물이다. 대량재배방법을 연구한 뒤 산나물로 공급하는 것도 좋을 것 같다.

- 제주, 통영, 거제
- 긴 타원형
- 어린 잎
- 4~5월 수확
- 볶음, 무침
- 곰취나물과 비슷한 맛
- 약성 : 약용 기록이 없다.
- 꽃 : 식용 가능, 요리 장식용

독성식물 리스트

독성식물의 식용은 가급적 피하는 것이 좋으며 약용할 경우 법제화한 뒤 약용하는 것이 좋다.

감수, 개감수 종류
괴불주머니 종류
구약(Amorphophalus konjac, 곤약)
굴피나무 종류
꽃무릇(석산)
꽈리
꿩의다리아재비
놋젓가락나물
능소화
다릅나무
담배(연초)
대극 종류
대풍자(Hydnocarpus anthelmintica)
독말풀(만타라)
독미나리
동의나물 종류
마취목
만병초 종류
멀구슬나무
모데미풀
목별자(Momordica cochinchinensis)

미나리아재비 종류
미치광이풀
바람꽃 종류
주엽나무 종류
박새
반하
보두(Strychnos ignatii)

복수초 종류
봉선화(물봉선 포함) 종류
부들레야
부자(오두, 초오) 종류
삿갓나물 종류
상산(Dichroa febrifuga Lour)
앉은부채 종류
애기똥풀
양귀비 열매 껍질
여로 종류
오수유나무
옻나무
요강나물 종류
은방울꽃
자리공 종류
젓가락나물 종류
조각자나무
주엽나무
지리강활
진범(진교) 종류
천남성 종류
철쭉 종류
피나물
피마자 열매(잎은 반드시 묵나물로)
투구꽃 종류(바꽃, 돌쩌귀 포함)
할미꽃 종류

현호색 종류
협죽도 종류

찾아
보기

part 1. 봄 나물 봄 먹는 꽃

part 2. 여름나물 여름 먹는 꽃

part 3. 가을나물 가을 먹는 꽃

part 4. 나뭇잎 나무꽃먹기

part 5. 산나물로 자주 오인하는 독성식물

part 6. 멸종위기 식물 중 나물로써 부가가치가 있는 식물